NF

# ねじとねじ回し

## この千年で最高の発明をめぐる物語

ヴィトルト・リプチンスキ
春日井晶子訳

HAYAKAWA NONFICTION

早 川 書 房

*6685*

ONE GOOD TURN

*A Natural History*
*of the Screwdriver and the Screw*

by

Witold Rybczynski



Translated by
Akiko Kasugai
Published 2023 in Japan by
HAYAKAWA PUBLISHING, INC.
This book is published in Japan by
direct arrangement with
THE WYLIE AGENCY (UK) LTD.

シャーリーへ

目　次

ユーレカ！（わかったぞ！）

——アルキメデス

# ねじとねじ回し

この千年で最高の発明をめぐる物語

# 第1章　最高の発明は工具箱の中に？

## この一〇〇〇年で最高の発明

ことの起こりは、ニューヨークタイムズ紙の編集者をしているデビッド・シップリーがよこした電話だった。二一世紀を目前にひかえて、日曜版でミレニアム特集をするから、なにか記事を書いてくれないかな、というのだ。ミレニアムの終わりを気にかけている編集者が多いらしく、同じような依頼はすでにいくつも舞いこんでいた。シップリーによれば、特集のテーマは、「このミレニアムのベスト」。なかなか面白そうだ。「何について書けばいいんだ？」と私は尋ねた。「最高の道具について、ショート・エッセイを頼むよ」というのが答えだった。

それを聞いて、少しばかりがっかりした。「最高の建築家」や「最高の都市」といった内容なら本腰も入ろうというものだが、「最高の道具」では、そうもいかない。それでも、ちょうど長い伝記の執筆中でもあり、頭の休憩は大歓迎だった。この一〇〇〇年で最高の道具について書くなんて、むしろ楽しいかもしれない。

デビッドの声を聞きながら、私は頭の中で想を練りはじめた。ものすごい数の選択肢だ。ペーパークリップ、万年筆、眼鏡。そういえば最近、ペンシルベニア・アカデミー・オブ・ファイン・アーツで、丸い眼鏡をかけたベンジャミン・フランクリンの肖像画を見たけれど、フランクリンといえば遠近両用眼鏡の生みの親だったっけ。とはいえ、眼鏡が発明されたのは一八世紀よりずっと前のことだ。眼鏡に関する最初の記述は、一三〇六年にフィレンツェの教会でドミニコ会の修道士が行なった説教の中に出てくる。この修道士によれば、眼鏡が発明されたのはその二〇年前で、発明家自身と話もしたらしいが、その人物の名前はわからない。中世に使われた眼鏡は遠視専用で、読み書きのための道具だった。光学という新しい科学が実用化された最初の例であり、それがきっかけとなって、その後の望遠鏡や顕微鏡といった優れた発明がなされたのである。読み書きという人の営為に対する寄与、天文学、生物学に与えた影響の大きさからいって、眼鏡はまちがいなく「このミレニアム最高の道具」に値するだろう。こいつは楽な仕事だ。

ところが、こんなのはどうだ、とデビッドに話して聞かせると、向こうの考えは別のところにあることがはっきりした。デビッドは文字どおりの「工具《ツール》」、つまり片手のこやハンマーといったものを想い描いていたのだ。ということは、眼鏡ではだめか。私の声にがっかりした響きを聞きつけたらしく、デビッドは、いつか君は自宅を建てたときのてんまつを本に書いていたけれど、あれがヒントにならないか、とうまいアドバイスをくれた。わかったよ、と私は応じた。ちょっと考えてみよう。

＊
＊＊

## 私の工具箱が残ったわけ

私の場合、「自宅を建てる」といっても、文字どおりこの手で建てたわけである。妻と二人で、ときには友人の助けも借りながら、コンクリートを混ぜ合わせ、のこぎりで木材を切り、壁にしっくいを塗り、配管をした。電気の配線を除けば、何もかも自分たちでやってのけた。

ややこしいおもちゃの電車セットに手を焼いた子どものころから、電気は私の苦手分野だ。父は電気技師だったから辛抱強く説明してくれたし、自分でも大学で物理を学んだにもかかわらず、ボルト数や電流、抵抗などの関係がさっぱりわからない。そして実際、電気はマイホーム建築プロジェクトでもちあがった一大問題だった。電気が来ていなかったのだ。田舎の、しかも道路から二五〇メートルも離れた土地だったことと、電気を引くつもりではあったが当座の電線を引くだけの資金がなかったことが理由である。ガス式の発電機を借りるにしても、値段が高すぎたし、おまけに騒音がひどい。私は家の枠組みと外回りを手作りし、一、二年かけて基礎的な構造を仕上げたところで線を引いたら、配電工事を専門家に頼めばいい、と考えたのだ。

そのとき使った大工道具のうち、はたしてこの一〇〇〇年で最高の道具になり得るものがあるだろうか?　電動工具は除くことにした。仕上げや家具にポータブルのまるのこ、ドリル、サンダーは使ったが、これらは主に労力節減のための道具だ。いや、能率を軽視してそう言うのではない。ケン・カーンの著書『住む人自身が作る家』によれば、小規模の家を建てるのに必要な、2×4《ツー・バイ・フォー》インチの角材をすべて切って用意するには、片手のこを使えば七日間かかるが、電動のこぎりならたったの三〇分間ですむという。電動のこぎりを使った作業は簡単だし手早くすむのは嬉しいが、仕上がりは片手のこを使っても変わらない。結局のところ、私は自分の手を使って作業するのが好きなのだ。

なにかを自分の手で造りあげる喜びのひとつは――家だろうが本棚だろうが――道具を使うことの楽しみにある。工具はたしかに人体の延長だ。なぜなら何世紀にもわたる試行錯誤を経て洗練されてきたのだから。もちろん電動工具は便利だが、その意味での洗練とは縁がない。もし釘打ち作業だけで一生かかるとしたら、釘打ち機をほめちぎることだろう。だが、大工仕事の効率を上げるための道具を、眼鏡のようなまったく新しい発明と同じカテゴリーに入れるわけにはいくまい。

ということは、求めるものは私の工具箱から見つけなければならない。小さな木造住宅を建てるのに必要な工具は、計測用、切断及び成型用、釘打ち用、穿孔《せんこう》用の四種類に分かれる。計測用の工具としては、直角定規、角度定規、チョークライン、下げ振り線用のおもり、アルコール水準器、巻尺が入っていた。少し調べると、これらの工具のほとんどが、今から一〇〇〇年以上前の発明であることがわかった。実際、たいがいは紀元前の発明らしい。古代ローマの大工は直角定規、下げ振り線、チョークラインを使ったが、これらはみな古代エジプトで発明されたものだ。そのひとつ、リベラとも呼ばれる水準器は、アルファベットのAに似た木枠で、頂点からおもりが糸で吊り下げられている。測量するには、糸を横棒の真ん中につけた印に合わせる。おそらく私が持っているアルコール水準器ほどコンパクトではないだろうが、同じくらい実用的であったことは、このA水準器が一九世紀半ばまで使われていたことからもわかる。

アルコールに気泡を入れて密封したアルコール水準器は、一七世紀半ばの発明品だ。初めはもっぱら測量用で、大工用工具箱に入れられるようになったのは、二〇〇年も経《た》ってからのことである。古代ローマの大工が長さを測る際は、足の長さ《フィート》、手のひらの長さ《パーム》、一二分の一《ウンチア》（つまりインチ）、指の幅《ディジティ》の各単位で目盛りをつけられた、レグラと呼ばれた木の棒を使った。私もヤードものさしを持っているが、長さはたいていステンレス製の巻尺で測っている。巻尺を見せてやったら、古代ローマの同業者はびっくり仰天するにちがいない。というのは、そのころは小型の測量道具といえば、長さ三〇センチのブロンズ製折り尺しかなかったからだ。中世にはオーク製のヤードものさしが使われ、一八世紀には折り尺が復活し、象牙や真鍮、堅材などで作られた。巻き尺の起源はわからないが、おそらく一九世紀後半に発達したのではないか。七メートル半の巻き尺がなければ不便でどうしようもないだろうが、だからといってこの一〇〇〇年で最高の工具とは考えにくい。

## 切断用工具

のこぎりも、いく種類か持っている。片手のこは古い歴史をもつ工具だ（一七三頁参照）。エジプトの遺跡で発掘されたのこぎりは刃が金属製で、使われていた時代は紀元前一五〇〇年まで遡《さかのぼ》ることができる。刃は幅広く、長さ五〇センチのものもあり、木製の柄はカーブし、歯の並びは不均等だ。この刃の部分は、軟《やわ》らかい銅でできている。古代エジプトでは、刃をたわませないために、のこぎりは押すのではなく引いて使った。のこぎりを引くのは、体重をかけることができないぶん、押すよりも効率が悪いので、木材を切るには時間も労力もかかったことだろう。*

古代ローマでは、二つの重要な進展があった。鉄製になった刃は堅くなり、個々の歯の山を左右に交互に突き出させることで切り口の幅が刃自体よりも少し広くなって、刃の動きがスムーズになったのだ。

堅い胴付きのこも、古代ローマで発明された。刃の背に補強用の板がつけられているので、それが邪魔になって材木をスパッと二本に切ることはできないが、家具を細工する場合、ことに正確な角度で切れる留め継ぎ箱《マイター・ボックス》と併用すると、多大な威力を発揮する。古代ローマで発明された最高の切断用工具は大のこ（枠のこ）だろう。廉価な金属製の細い刃を木枠に取りつけ、紐でぴんと張る。これは見事な道具で、一九世紀に入ってからも長いあいだもっともよく使われたのこぎりだった（その原理は現代の弓のこに受け継がれている）。一七世紀の半ばになると、オランダと英国で新しいタイプののこぎりが使われはじめた。刃は幅広で支えがなく、木製の柄はピストル型をしている。堅い刃は、もとはといえばたわんだ鉄片なので、大のこよりも的確に切ることができるし、深く切り込むのに邪魔になる枠もない。この効率の良い道具が、今日《こんにち》では一般的なのこぎりである。私が主に使っているのは、ディストン社製の長さ六六センチの横引きのこだ。背が斜めになった刃を発明したのはフィラデルフィアでのこぎりを作っていたヘンリー・ディストンで、一八七四年のことだった。枠のないのこぎりが最高の工具の最有力候補であることは疑いない。とはいえ、デビッドが求めているのは、それ以前の道具につきまとう問題を見事に解決しただけのものではなく、もう少し重要性のある工具だろうと思えた。

## 成型用工具

大工が主に使う成型用工具は、かんなである。箱かんなは、いってみればのみの刃を台に取りつけたものにすぎないが、工具発達の歴史に重要な契機をもたらした。職人の腕に頼る手斧やのみと違い、かんなはそれ自体が効率的な道具だ。なぜなら、刃を制御する必要がなく、ただ力を加えればいいのだから。ある歴史家は、かんなのことを「木工用工具の歴史上最大の進歩」と呼んだ。そのことからも、かんなは最高の工具の有力候補になりそうだ。だが調べてみると、残念なことに、かんなも古代ローマ時代に発明されていたのだった。

＊　日本の伝統的なのこぎりも、押すのではなく引いて使う。刃が紙のように薄いのこぎりは、主として繊細な家具を作るのに使われる。

のみの起源はもっと古い。青銅器時代の大工が家を建てたり家具を作ったりしたのみには、柄が固定式のものと、取りはずし式のものの二種類があった。また、史上最初の槌《つち》はボウリングのピンに似たもので、穀物をたたくのに使われ、寿命も短かった。だがやがて、この槌に柄をつけるようになり、さらにその頭の材料に堅い木を使うようになったことで、打ちつける面が長もちするようになった。長い柄のついた重い槌は、大木槌《モール》と呼ばれた。一八世紀には、家や納屋の木枠の継手《つぎて》を留めるのに巨大な大木槌《コマンダー》が使われた。頭部は直径一五センチ、長さは三〇センチという、堂々としたものである。私はそこまで大型の槌は持っていないが、なかなかはまらない小梁や間柱をはめこむのに鉄製の大ハンマーを使ったことはある。

　私が持っている中でもっとも珍しいハンマーは、メキシコシティの金物市場で手に入れたものだ。それは中国製の「コンビネーション・ケースオープナー」で、梱《こん》包《ぽう》用木枠を開ける道具だ。いくつかの機能を兼ね備えたところが、ハンマーと手斧を兼ねた屋根板用ハンマーを思わせる。つまりハンマー兼釘抜き兼手斧兼バール、というものなのである（一七二頁参照）。ところがひどくいいかげんに作られたものらしく、買って間もなく、釘を抜いている最中に金属製の釘抜き部分がとれてしまった。それでも、まだ手元にある。たいていの持ち物に執着しない私だが、工具を捨てることだけはできないのだ。

これは私の持論だが、コンビネーション工具は、まさに現代を象徴するガジェットである。思い出すのも恥ずかしいことだが、ずっと前のクリスマスに、懐中電灯内蔵のドライバーを父に贈ったことがある。とはいえ実は、コンビネーション工具の歴史は古い。木を伐るための斧と、木材の表面を滑らかにするために刃を九〇度回した手斧といえば、どちらももっとも古くからある木工用工具である。この両者を組み合わせた工具が、クレタ島のミノア文明ですでに使われていた。ちなみに、両刃の斧もまた、ミノア文明の産物である。このコンビネーション斧は、古代ローマでもよく使われた。

鋳物の釘を発明した古代ローマ人は、同じくコンビネーション工具である、釘抜きハンマーも使っていた。ところが、これで釘を抜こうとすると柄に相当な力が加わるので、軸受けからはずれてしまう危険があった。中世イングランドでは、柄とのつなぎ目を二本の針金でしばった釘抜きハンマーも使われていた。釘抜きハンマーを今日の形にしたのは、米国人だ。一八四〇年にコネチカット州の鍛冶屋が手斧に着想を得て、先細りになった頭部が柄のほうに向けて曲がっている釘抜きハンマーを作った。今でも使われているタイプのものである。

古代エジプトの大工は、釘の代わりに木栓を使い、穴は弓錐《ゆみきり》で開けていた。弓錐はおそらく火起こし棒から改良されたのだろう。錐のまわりに巻きつけた紐が、弓でぴんと張ってある。錐を垂直にして持ち、チェロを奏でるように弓を動かしながら、押し下げるように力をかける。片手で下向きの力をかけるため——それに紐はすべりやすい——深い穴を開けるには効率が悪い（それでも、細い穴を開けるために一九世紀まで使われたのであるが）。それよりも、いったん弓を押し下げたら、上に引きあげて戻さなくてはならないため、エネルギーが無駄になる。

解決策を見つけたのは、またもや古代ローマ人だった。それが、木工錐（一六九頁参照）である。木でできた短い十字形の柄を、先端がスプーン形をした鉄の棒に取りつけたものだ。この柄を両手でもって水平方向に回転させれば、下向きの大きな力を加えることができる。木工錐の中でも、中世に船の建材に深い穴を開けるために開発されたものは、胸当て錐と呼ばれていた。錐の上に大きな当て物を載せ、その上から全体重をかけて回すのだ。

## 曲がり柄錐とクランク――ひとつのブレイクスルー

木工錐は大きな進歩だったが、ひとつだけ欠点がある。柄を一回転させるごとに、先端が木に挟まって止まってしまうことだ。穿孔用工具が画期的に発展するきっかけは、中世に湾曲した柄のついた曲がり柄錐（繰《く》り子錐、一六九頁参照）が発明されたことだった。これには木工錐と同じスプーン形の錐が付いているが、柄のなかほどがコの字型に曲がっているために、史上初めて錐を回す動きを中断することなく穴を開けられるようになったのである。曲がり柄の上には丸い当て物がしてあり、体重をかけて錐をスムーズに回すことができる。

錐が描かれた絵でもっとも古いもののひとつが、ある教会の祭壇の背後を飾る三枚折り画の、右翼部分に描かれている。フランドルの画家ロベール・カンパンが一四二五年ごろに描いたもので、現在ではニューヨークのメトロポリタン美術館で観ることができる。主題は工房にいる聖ヨゼフで、作っているのはネズミ捕りだ（寓意画である）。ヨゼフのまわりには大工道具がたくさんある。ハンマー、釘、のみ、ペンチ、のこぎり、そして木工錐。曲がり柄錐を手にしたヨゼフは、椅子の腕木の

工具を手にした中世の職人。曲がり柄錐も見える。マイスター・フランケによる祭壇の背後装飾画（1424）。

上であやうくバランスをとっている木材に穴を開けようとしているところだ。

ヨゼフの曲がり柄錐のなにが印象的かというと、それが米国工具コレクションの中でいつか見たことのある、一八世紀の、木製の曲がり柄のついた錐とまったく同じだったことだ。そして私の道具箱に入っている曲がり柄錐とも基本的な違いはない（私のものはスチール製だが）。ハンマーやのこぎりのように、何世紀にもわたってゆっくりと進化していった道具もあれば、かんなのように最初から完成された形をしていたものもある。曲がり柄錐は後者のひとつで、のみや弓錐とは似ても似つかない形をしている。それもそのはず、曲がり柄錐は、クランクという新しい科学的発想によって生まれたからだ。クランクという装置には、大工の手が行なう行ったり来たりの直線運動を、錐の先が回る回転運動へ変換するという、大きな特徴がある。歴史家のリン・ホワイト・ジュニアなどは、クランクの発明を「車輪に続く史上二番めに重要な発明」と位置づけているくらいだ。クランクの登場により、曲がり柄錐のみならず、手回し臼《うす》や、水力や風力を利用したさまざまな砕鉱器やポンプなど、そして最終的には蒸気機関の発明が可能になったからだ。

クランクがいにしえより存在していたことを示すような遺物や文章は見つかって

いない。つまりわれわれが知るかぎり、中世ヨーロッパで発明された工具なのだ。クランクが出てくる最古の文献は一四世紀の物語で、そこには現代の別荘地や公園の湖にある足こぎボートのようなボートが登場し、手回しクランクで推進力を得るのである。一四〇五年にバイエルンで出版された軍事技術に関する本には、手回しクランクで動かす切削機械の絵が描かれている。同じころ、学者はクランク式の聖書台（現代の歯医者が使う、高さの調節可能な台のようなもの）を使って、本を読みやすい位置に移動させていた。

そういうわけで、一四〇〇年ごろには、クランクは存在していたわけだ。曲がり柄錐がまず発明されたのか、あるいは他の装置に触発されて生まれたのかはわからないが、クランクが実用化された最初の道具が曲がり柄錐であることには疑いの余地がない。ちなみに、曲がり柄錐《カーペンターズ・ブレース》という名前の由来ははっきりしない。初めのうち「穴開け《ピアサー》」と呼ばれていたのは、あとで木工錐で広げることになる細い穴をうがつのに用いられたからだ。「曲がり柄《ブレース》」の名は、クランクを補強するためにつけられることのあった、金属製の補強材《ブレース》からきたと考える歴史家もいる。

曲がり柄錐は使い勝手の良い道具であり、しかもこの一〇〇〇年のうちに発明されたことは確実だ。だが、エッセイの主題にするには、ひとつ問題がある。つまり、曲がり柄錐は、工具としては退屈なのだ。クランクの重要性にもかかわらず、曲がり柄錐自体はそれ以上発展することがなかった。木工用以外に使われるようになった例といえば、一六世紀にトレフィンと呼ばれる手術用の曲がり柄錐を使って頭蓋骨に丸い穴を開けるようになったことがあるだけだ。ほかには、これといった発展もない。たんに、穴を開けるのに他より便利な道具だというに過ぎないのだ。

＊＊＊

## ねじ回しを見直す

私は一週間かけてさまざまな文献を読みあさったが、たいした進展は得られなかった。だが、適当な材料が見つからないとデビッドに白状するのも恥ずかしいので、曲がり柄錐の退屈な話を書くはめになりそうだった。簡単なことではない。このぶんではお楽しみどころか、重荷になりそうな気配だった。げんなりした私は、妻のシャーリーにこの状況を打ち明けた。すると、彼女はちょっと考えてからこう言ったのだ。「いつも家に置いている道具があるわ。ねじ回しよ」私の顔がいかにも疑わしげだったのだろう、こう続けた。「そうよ、ねじ回し。どこに住んでいようと、台所の引き出しにはいつだってねじ回しが入っているわ。できれば、ねじを回す先っちょのなんとかっていう部分が取り替えられるのがいいわね」そして、最後に付け足した。「ねじ回しはいつだって何かに必要なのよ」

そうか、ねじ回しを忘れてたな。それでは、と、いつも参考にする本に当たってみた。一九六四年に出版されたウィリアム・ルイス・グッドマンの『木工具の歴史』だ。グッドマンは英国の男子校で三〇年も木工技術を教えたベテランであり、木工用具コレクターでもある。サクソン手斧の起源について詳しいだけでなく、使い方まで実演してみせてくれそうな、そんな人物だ。

グッドマンの本の索引で、「ねじ回し」を探した——が、ない。これは変だ。本をぱらぱらめくると、大工の作業台や、にかわ鍋の起源についての考察に章が割かれているのに、ねじ回しについては一言もない。そんなとき、「大工道具の時代別分類」という表が目についた。さまざまな大工道具が発明された時代が表になっていて、私がすでに知っていることを裏づけてくれた。ほとんどの工具はローマ時代に発明されているのだ。中世になって曲がり柄錐が、ルネッサンス期には特殊なかんなが加わった。次の「一六〇〇～一八〇〇年代」には、南京かんなが発明された。これは車軸や椅子の小柱を作るために使われたプーリングナイフのようなものだ。ようやく「一八〇〇年～一九六二年」になると、ねじ回しがでてくる。つまり、木工用具として最後に加わった工具ということだ。

たいていのことなら、一九四九年版のブリタニカ大百科事典で充分な情報が得られるのだが、「ねじ回し」の欄はたんなる定義で、その歴史には触れられていない。「工具」欄を見ても、ねじ回しの記述すらなかった。もっと詳しいインターネット版ブリタニカ大百科事典で調べたところ、こうだった。「柄つきねじ回しは一八〇〇年以降に現れ、大工道具の一部となった」少なくとも、これもローマ時代の発明でした、ということではなかったわけだ。ねじ回しは曲がり柄錐より驚異的な工具とも思えない、というか、笑ってしまうほど単純な工具だ。それでも、どうしてそんなに時代が下るまで発明されなかったのか、不思議ではある。調べてみるだけの価値はあるにちがいない。

# 第2章　ねじ回しの再発見

## まずはOEDに当たってみる

ねじ回しの起源を調べる作業は、オックスフォード英語辞典を調べることから始まった。ＯＥＤによれば、「ねじ回し」の最初の用例は一八一二年に出版された『職人の練習』というタイトルの本に登場する。私の大学の図書館がそのオリジナルを所蔵していた。グラスゴー出身のピーター・ニコルソンという人が著《あらわ》した、かけ出しの職人のための練習用マニュアルだ。本の最後についている定義集には、こう記されている。「ねじ回し――ねじを留める道具」なるほど、単純きわまりない。

残念なことに、図版はついていなかった。それに、本のどこにも、ねじ回しについての記述はない。著者にとって、ねじ回しはあまり使い途《みち》のない道具だったのか――あるいは当たり前すぎて、くどくど説明するには及ばなかったのだろうか。

ニコルソンはこの本の序文で、ジョゼフ・モクソンに多くを負っていると語っている。それより一〇〇年前に、職人が使う道具と使用法を分類した最初の英語の本を書いたモクソンは、詳細な日記を残したことで有名なサミュエル・ピープスの友人で、印刷業を営んでいた。「ウォリック通りにあり、地図の看板を掲げた」ロンドンの店では、書籍だけでなく地図や海図、地球儀、製図用具なども扱っていた。一六七八年には商売を広げ、大工、煉瓦積み職人、建具屋向けのハウツーを記したパンフレットの出版を始めた。パンフレットは月刊で、値段は一冊六ペンス。そして一六九三年に、モクソンは一連のパンフレットを本にまとめた。八折版で二三八ページにわたる本は銅版画一八枚を含み、『職人の修業』というタイトルがつけられている。

この本につけられた副題は、『手仕事の原則』という愛すべきものである。はしがきで、モクソンは次のように述べている。「職人になろうとするなら、必ず従わなければならない規則だと言っても過言ではないだろう。それらを真摯に守り、自らの能力と勤勉さをもって打ち込めば、いずれは手工芸品の作り手としての熟練技能を身につけることができる」冒頭で語られるのは、鍛冶《かじ》仕事についてだ。「鍛冶仕事には、いわゆる鍛冶屋の仕事のみならず、錨《いかり》から腕時計までのあらゆる製造分野において、鍛造したり磨いたりする一切の仕事が含まれる。どれも同じ原則に則《のっと》っており、精密さの差はあれ、同じ道具を使うからである」モクソンはねじ留めとねじ切り板について、そして木のドアに帯蝶番《おびちょうつがい》を留めるのに使うナットとボルトを作るための、むき出しのナットと打ち抜き型について述べている。これらのボルトの四角い頭はスパナで留めた――だからこの本にはどこにもねじ回しが登場しないのかもしれない。

私は探し続けた。すると、いかにももっともらしい手がかりに突き当たった。大工道具を表す古代ギリシアの銘文についての記述で、その銘文にはかんなやハンマーのみならず「四つのねじ回し」も登場していた、というのだ。著者が紀元前三世紀の人であることを考えれば、ねじ回しは結局のところ古代から存在していたことになるではないか。大学で古典文学を研究している知人に相談したところ、一般に「ねじ回し」と訳されるギリシア語の言葉は、実際には「穴を開ける道具」つまり「だぼ」と同じ意味で使われたことがわかった。つまるところ、ねじ回しではなく、弓錐だったわけだ。

木工具の歴史についての付録にあったコメントからヒントを得て、ブリタニカ大百科事典第三版で「航海術」を調べてみた。六分儀《ろくぶんぎ》とその付属品――変更可能なレンズ、拡大鏡、中心部の鏡を調整する鍵――の絵の中に、木製の柄のついたねじ回しがはっきりと描かれている。この第三版が出版されたのは一七九七年で、ニコルソンの『職人の練習』が世に出るより一五年前のことだ。さらに古い、メリアム・ウェブスター・カレジエイト英語辞典第一〇版での言及も見つけた。問題の項目によれば、バージニア州ヨーク郡で作成されたある遺書に「引き輪一二個、ねじ回し、手錐」という記述があるのだ。こちらの場合、あいにく挿絵こそないが、日付は一七七九年四月二八日なので、ニコルソンの本より三三年前のことになる。してみると、かのOEDといえども絶対というわけではなさそうだ。

**大発見――ターンスクリュー**

ラファエル・A・サラマンが一九七五年に記した道具事典は、現代において出版されているこの種の事典としては完成度がもっとも高いものだろう。英国で編集されたこの事典には、特殊なねじ回しがいくつか掲載されている。電気技師が使うほっそりしたもの。宝石加工用の小さなもの。ずんぐりした形の銃器製造用のもの。そして丈《たけ》が短くてがっしりしたものは、葬儀の際に棺の蓋を閉めるために使われる。サラマンの説明によるねじの起源は、ブリタニカ大百科事典よりも少し古い。「一八世紀半ばまで、木ねじは大工仕事でもあまり使われなかったため、ねじ回しが広く使われだしたのはその後の時代になる」もしねじが一七五〇年より前に使われていたら、ねじ回しという名称も一七七九年より早く使われているはずだ。

と、別の記述が私の目をとらえた。「今日《こんにち》広く使われているねじ回しの名称は『スクリュードライバー』だが、商品カタログや他の文献を見ると、すくなくとも英国北中部では『ターンスクリュー』が使われていたようだ」これは初耳だった。ターンスクリューなどという言葉は、どの事典にも載っていない。かといって、サラマンの文章も読み違えようがない。こうなると、ことは興味深さを増す。ターンスクリューという言葉が本当にあるとすれば、フランス語でスクリュードライバーを意味する「トゥルヌヴィ」の直訳になるからだ。もしかして、ねじ回しはフランスで発明されたのだろうか。

一七七二年にパリで出版された美術工芸品事典を調べると、A・J・ルボという指物師《さしものし》の親方による詳しい記述が見つかった。それによれば、ねじ——「既製品として売られたもの」——は、家具にはめ込まれた真鍮の板や覆いの皿穴に埋めるものだという。「ねじをねじ込むには、ねじ回しを使う」銅版画の挿絵に描かれているトゥルヌヴィは、私たちが見慣れた工具ではなく、頭部が平らになった曲がり柄錐だった。たしかに、このタイプの錐は、ねじ回しとしても立派に役に立つ。というのは、クランク状になった柄によってトルクが増し、中断なく回し続けられるため、ねじが木の中で止まってしまうこともないからだ。とすれば、最初のねじ回しとは、錐の頭部を改良したものにほかならない、と推測もできよう。そういうことなら、曲がり柄錐とねじ回しについてのエッセイを書いたほうがいいのかもしれない。

## 『百科全書』探索行

フランスでのテクノロジーについて調べるなら、何はさておきディドロとダランベールが編纂《へんさん》した、偉大なる『百科全書』にあたるべし。私が勤める大学の図書館には、全一七巻がそろっているだけでなく、図版一一巻および補足の七巻まであった。稀覯本を入れたガラスケースの鍵を司書に開けてもらい、重たい本を抱えて机に運ぶ。そして、古い本をそっと開いた。紙はざらざらした手ざわりがする。『百科全書』には、トゥルヌヴィについて三つもの項目が設けられていた。まずは概説で、「ねじ回しは非常に便利な道具である」とまとめている。次に、兵士が火縄銃の発火装置を調節するのに使うねじ回しについて、短く触れられている。最後に、指物師が使うねじ回しについて、長いパラグラフをまるごと費して、いろいろと細かく書かれている。刃にする鉄はよく焼いて強度を高めなければならない。ねじの溝から飛び出さないように、先端をよく尖《とが》らせなければならない。木製の柄の強度を高めるには、金属製のフェルールか帯が必要である。ねじを回すあいだしっかり握っていられるよう、柄自体は少し平たくすること、等々。このくだりの末尾に、ある図版を参照せよとあった。気持ちを高ぶらせながら図版の巻を捜し出し、指物師や象眼細工師の道具に充《あ》てられた章をめくる。すると、ページの下のほうに、あった。記述どおり、短い刃と楕円形をした平たい木製の柄のついた工具の銅版画だ（次頁）。この『百科全書』は一七六五年に出版されているので、バージニア州で見つかった例の遺書より一四年早いことになり、私がこれまでに見たねじ回しの記

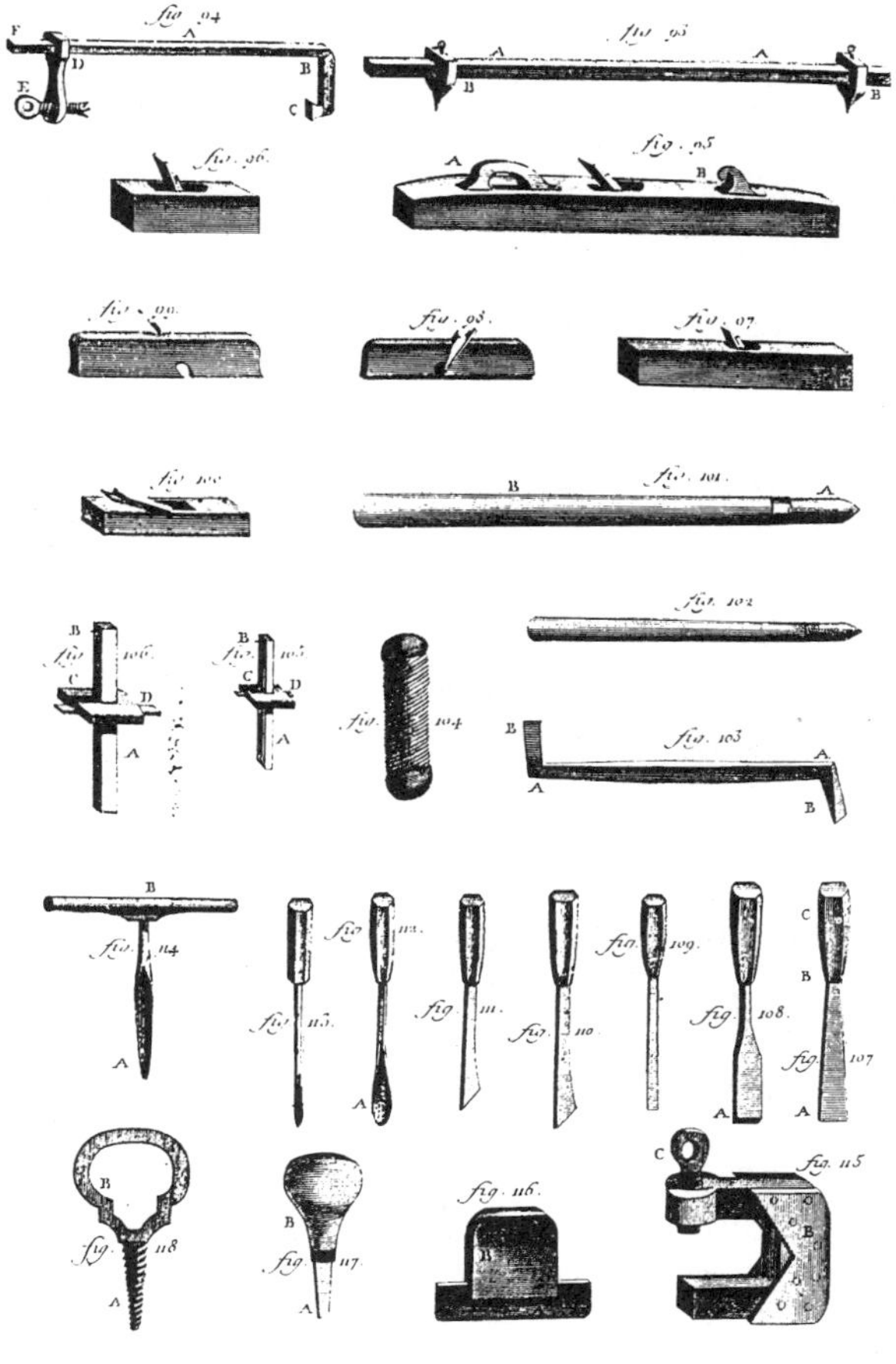


トゥルヌヴィ。ディドロとダランベールの『百科全書』(1765) より。

述の中でもっとも古いもの、ということになる。自分がなにを期待していたのかわからないが、現代のごく普通のねじ回しとたいして変わらないように見えるので、がっかりした。こんなものがねじ回し第一号なのだろうか。

⁂

## ねじ回しの起源を探る

『百科全書』のページには、ねじ回しの隣に、輪っかにねじのついた奇妙な道具の挿絵があった。「ティール・フォン」という名称で、解説の文章によれば、象眼細工で木のかけらをはめ込むために使われたものだ。同じページに、ティール・ブションヨン（文字どおりにはコルク抜き）の絵もあった。「鉄あるいは鋼鉄でできたねじの一種を輪に付けたもの」だそうだ。何世紀ものあいだ、ワインボトルは木の栓をして密封されていた。一六〇〇年代半ばになって、主にスペインとポルトガルに生えているコルク樫のしなやかな外皮を使えば、良い栓ができることが発見されたのだ。とはいえ、新しく、ボトルの口にぴったりはまりこんだ「コルク」を引き抜くのは大仕事だった。だれか――おそらくは喉を渇かせた指物師――が、ティール・フォンをコルク抜きにすることを考えついたのだろう。手持ちの古いフランス語辞典によれば、ティール・ブションという言葉が最初に使われたのは一七一八年で、英語にコルク抜き《コルクスクリュー》が登場する二年前のことだ。ふと、コルク抜きこそこの一〇〇〇年で最高の道具――だれもが賛成してくれるにちがいない――と決めかけたが、もう少し調査を続けることにした。

私のフランス語辞典によれば、トゥルヌヴィという言葉は一七四〇年にフランス学士院に正式に認められたが、印刷物に初めて記されたのは一七二三年で、英語で使われはじめたのよりも五〇年以上も早いことになる。これには納得がいく。私が得た知識では、モクソンはフランスの印刷物から多くの挿絵を模写しているからだ。だんだん、ねじ回しフランス起源説がもっともらしく思えてきた。

最初のねじ回しは、おそらく町や村の鍛冶屋が作ったものだったのだろう。それでも、『百科全書』の図版を見れば一目瞭然であるが、これら初期のねじ回しには、原始的なところはひとつもない。なにもねじ回しが複雑な道具だというのではない――ねじ回しのもとになった伝統的な工具はいくつもあるのだ。たとえば『百科全書』では、トゥルヌヴィがよくトゥルヌ・ア・ゴーシュ、つまり別の道具を回すために使われた木製の柄のついた鉄釘と間違われる、とされている。突き錐、やすり、のみなども、ねじ回しを生み出すもととなったのではなかろうか。あるいは、最古のねじ回しは、壊れたり使われなくなったりした道具を改良したものにすぎなかったのかもしれない。バージニア植民地の首都だったウィリアムズバーグには、そんなねじ回しが二つ残っている。ひとつは欠けた小刀の刃で作られているし、もうひとつは古いやすりを改造したもので、柄が突き錐のように横向きに突き出している。アメリカの道具の歴史に関する最初の本を一九二九年に著《あらわ》したヘンリー・C・マーサーによれば、一八世紀には、ベッドの支柱の横木を留める頑丈な鉄ねじを外すために、ボールト錐に似たT字型の柄をつけたねじ回しが広く使われていたそうだ。マーサーの著書『かつての大工道具』にはよくお世話になる。グッドマンの『木工具の歴史』と同様、手仕事道具の歴史を知るための基本となる著作なのだ。マーサーの本には、著者が集めた、英国植民地時代の米国の、アーリーアメリカン様式の道具や工芸品のすばらしいコレクションを写した写真が入っていて、一九世紀のねじ回しもそのひとつだ。だが残念なことに、ねじ回しの起源については目新しい記述はない。つまりマーサーも、古代ローマ時代のねじ回しについて聞いたこともなければ、中世に描かれたねじ回しの絵を見たこともなかったのだ。この本でも、ねじ回しは一九世紀までは広く使われていなかったと書かれている。それでもマーサーは、ねじ回しはおそらく一七〇〇年以前から存在していたと考え、モクソンが単に見逃したのだろうと推論している。私も同感だ。ねじがあるなら、ねじ回しもなければお話にならない。

## ヘンリー・マーサーという男

ヘンリー・チャップマン・マーサーは興味深い人物だ。一八五六年にペンシルベニア州バックス郡の中心地ドイルストンに生まれた。ハーバード大学のチャールズ・エリオット・ノートン教授のもとで歴史を学んだのち、大学院で法律を修めた。弁護士の資格を得たものの、いくらかの遺産が手に入ったおかげで、一〇年ばかりのあいだは気の向くままヨーロッパを旅してまわることができた。そのあいだに、主に芸術を観賞する心と昔の風俗や習慣などへの興味を養ったが、性病を移されて結婚を諦めることになった。帰国後はペンシルベニア大学付属博物館で米国考古学のキュレーターとなる。この時期のマーサーにはとくに目立ったところはなく、育ちの良いアマチュアといったところだ。カールした口ひげを生やした粋《いき》な若者といった写真が残っている。「好男子。由緒あるリッテンハウス・クラブの会員。収集家で旅行家。資産家」というのが、ある知人が彼を評した言葉だ。その後、マーサーらしさが際立ってくる。まず、考古学で独特の学説を唱えたのだ。それは過去を最大限に理解するためには、ある時代に至る経緯を調べるのではなく、現代から時間を遡《さかのぼ》って調べることが必要だという説だった。マーサーは大学の職を辞して故郷のドイルストンに戻り、アーリーアメリカン様式の道具の収集を始めた。

古い工芸品に関心を抱いていた彼は、古くからある陶磁器を求めるようになった。ウィリアム・モリスのために働いていたタイル製造業者に会いに英国へ行き、帰国するとモラヴィアン・ポタリー・アンド・タイル・ワークスという芸術的な陶器の製造所を設立した。つまり、英国で起こっていたアーツ・アンド・クラフツ運動の虜《とりこ》になっていたわけである。この時期の米国では、工芸をベースにした家具、金属細工、織物、陶磁器などの会社が多く創られたが、それは大量生産される粗雑な製品と工業化への反発から生まれたものだ。手工芸品ビジネスで成功したモリスのように、マーサーも、芸術面ばかりでなく金銭的な成功を手にした。いわゆるマーサー・タイルが有名になり、フィラデルフィアや北東部の数多くの著名な建物を飾った。ボストンにあるイザベラ・スチュワート・ガードナーの広大な邸宅フェンウェイコート（現在のガードナー美術館）の魅力は、贅沢に使われたマーサー・タイルに負うところが大きい。

一九〇七年におばからの遺産によって資産を増やしたマーサーは、自宅を建てた。フォントヒルという名の屋敷は、伝統的なコンセプトに基づいているものの、素材は革新的だった。セメントを用いて実験的な作品を創っていた、弟で彫刻家のウィリアムに後押しされ、主に鉄筋コンクリートを使って建てたからだ。翌年にはフランク・ロイド・ライトがイリノイ州オークパークにコンクリート建築のユニティ教会を建てることになるが、マーサーは自分で自宅を設計し、コンクリートという新しい素材を別な手法で利用した。その結果、流麗で彫刻のような趣《おもむき》のあるコンクリートの外観は、バルセロナの建築家アントニオ・ガウディの作品を思わせるものとなった。マーサー自身の監督下で建物が完成すると――四年がかりとなった――家の隣に陶器窯を作り、次いで膨大な数の道具や工芸品を納める博物館の建設にとりかかった。

## マーサー博物館、「驚異の部屋」での発見

ドイルストンは私の住むところからそう遠くないので、思い立って、マーサー博物館を訪ねることにした。博物館は町の真ん中にあった。灰色のコンクリートでできた七階建ての建物で、その上にタイル製の塔やとんがり屋根、欄干が載っている。まるでトランシルバニア山脈中のドラキュラの城でも移築したのかと思える姿だった。内部もまた奇抜で、天井まで吹き抜けの展示スペースの四囲の壁を、階段と回廊とが巡《めぐ》っている。この中央のスペースに、尋常ではない品々がところ狭しと詰め込まれているのだ。天井からは背の高い黒い椅子がぶら下がり、壁には熊手、柄の長い鍬《くわ》、荷馬車の車輪が留めてある。宙に浮かぶ木の橇《そり》が揺れて、ニューベッドフォードから持ち込まれた捕鯨船の船体にぶつかりそうだ。床には馬車や荷馬車が並び、かつて煙草屋の店先に置かれていたインディアンの人形の横には巨大なリンゴ圧搾機があるという具合だ。

ガイドブックによれば、この博物館には五万点の展示物があるという。展示ケー

スの中にねじ回しを探したが、マーサーの分類の仕方は独特で、シンプルなカテゴリー分けとは無縁だった。展示室は細かな部屋のように仕切られ、それぞれの仕切りがひとつの職業に関連する品々を展示する作業所のようになっているのだ。作業所の小窓から中をのぞけるのだが、その窓の仕切りも当然コンクリート製である。車大工の作業所には、車軸に穴を開けるための巨大な手斧があった。ばかでかい大木槌《コマンダー》がいたるところにあった。時計職人の作業所には、ごくごく小さな旋盤がいくつかあって興味深かったが、それらは、古代エジプトでドリルを回すのに使ったのと同じような弓仕掛けで動かすしくみなのだ。大工の作業所では、さまざまな曲がり柄錐や、床板を仕上げるのに使う一メートル五〇センチもあるかんなを見た。展示室にはあまりにも多くの道具があり、頭がくらくらするほどだった――いうなれば、一九世紀のものすごいガレージセールに居合わせた、というところか。ようやくねじ回しを見つけたのは、鉄砲鍛冶の作業所でのことだった。他のたいていの展示品と同様、分類ラベルはついていなかった。

一二月のこの日、この洞穴のような寒い建物の中にいる見学者は私一人だった。博物館を後にする前に、付属の図書館に立ち寄った。この図書館はバックス郡歴史協会が運営している。マーサーが、完成した博物館を協会に寄付したからだ。長い机には数名の人が向かっている。ここは、建物の中で唯一暖房の効いた場所だ。私は体を暖めつつ、何か役に立ちそうな資料を探すことにした。分類カードをめくったが、ねじ回しの項目には二冊しかなく、どちらもすでに読んだものだった。マーサーの著書が何冊かあるほか、モクソンの著作などの、見慣れた本のリプリント版があった。

分類カードをめくるうちに、一九世紀の英国シェフィールドの工具職人に関する本が目に入った。私家版のこの本――タイプで打ったページを綴じて分厚い革の表紙がつけてある――は比較的最近のものとはいえ、この図書館に来なければ見つけられなかっただろう。印刷部数はたったの七五〇部で、これはその一冊なのだ。中には、英国の工具職人向けカタログのページをリプリントした図もある。

当時のシェフィールドは英国鉄鋼業の中心都市で、おそらく世界で最高の工具を作っていた。この本の著者のケネス・ロバーツによれば、シェフィールドで作られた工具の料金表で現存する最古のものは、一八二八年のものだそうだ。車軸を削る南京かんなや直角定規に混じって、あらゆる種類のねじ回しがそろっている。長さは七・五〜三五センチくらい、黒かメタル仕上げで、スコッチ型（全体に平らで刃が先細）とロンドン型（作りがより精巧で、刃の中央部が細くくびれている）の二種類があった。値段も、一ダースが四シリング六ペンスから二二シリングまでと幅広い。つまり、これは大量販売用の料金表というわけだ。もっとのちの時代の料金表には、ちょうど『百科全書』の銅版画のような、平らな楕円形の柄がついたねじ回しの絵もついている。だが驚くべきは、そこに書かれている、ミシン用ターンスクリュー、家具用ターンスクリュー、小型モデル、紳士用装飾つきターンスクリューといった名称だった。さらには曲がり柄で回すターンスクリュー刃などというものもある。もはや間違いない、サラマンは正しかったのだ。辞書には載っていなくても、「ターンスクリュー」という言葉は、おそらく「スクリュードライバー」より以前から存在していたのだろう。

ロバーツの本に掲載されているシェフィールドの工具カタログから、一八〇〇年代初めには、スクリュードライバーの需要に応《こた》えるために工場生産が行なわれていたことがわかる。それ以外の証拠からも、ねじ回しは一八世紀中にはおそらくフランスで使われていたと考えられるのだ。「ターンスクリュー」はフランス語の言葉

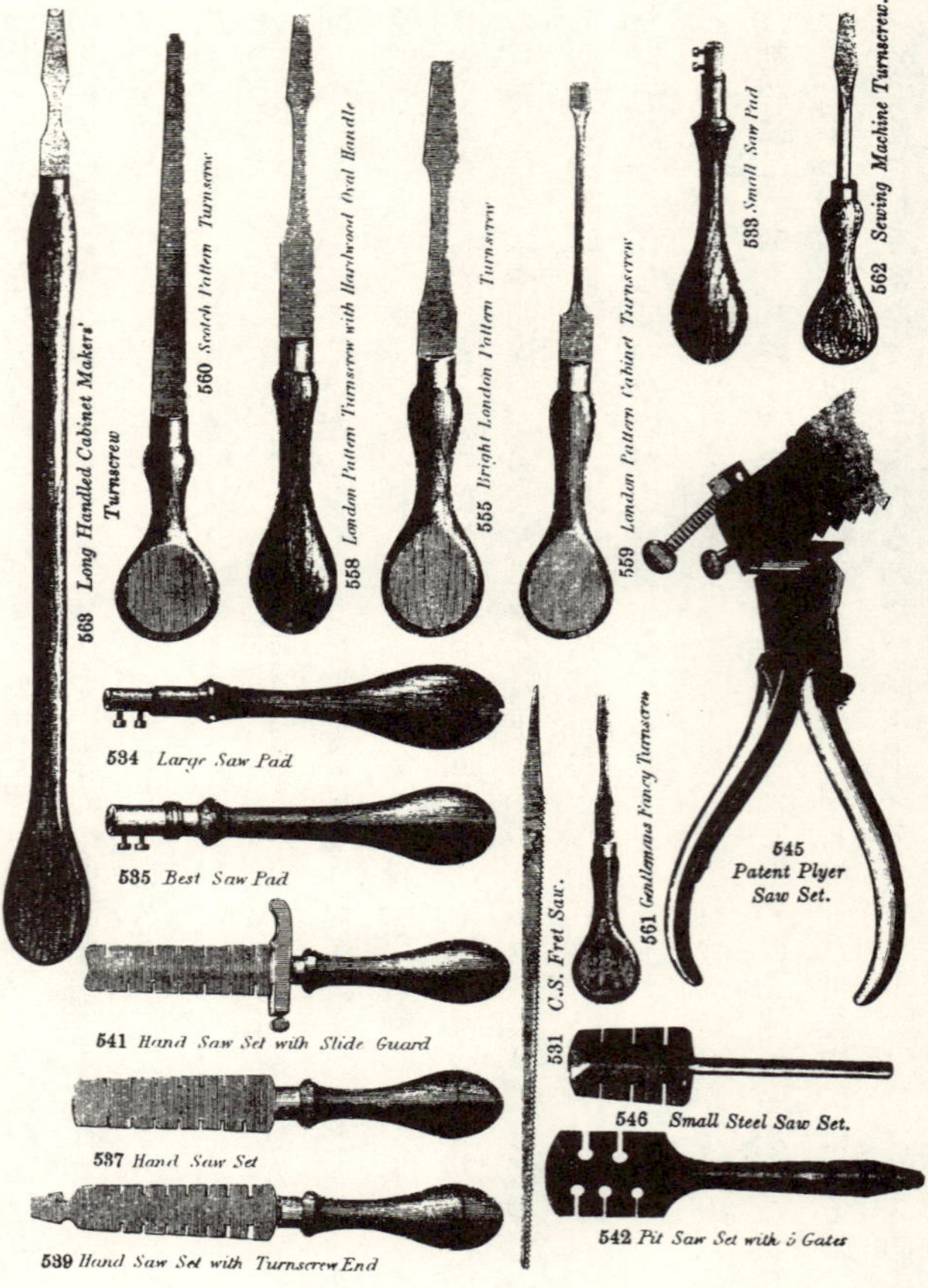


シェフィールドのウィリアム・メープルズ＆サンズ社の工具カタログ（1870）。上部に「Turnscrew（ターンスクリュー）」の語が見える。

を直訳したもので、手持ちのフランス語辞典によれば、一七二三年には「トゥルヌヴィ」という言葉が使われている。よし、これでニューヨークタイムズにショートエッセイを書くだけの材料はそろった。とはいえ、ねじ回しの謎については、解けたとはとても言えないが。

# 第3章　火縄銃、甲冑《かっちゅう》、ねじ

降ってわいた発明

道具によっては、片手のこのように、何世紀もかけてゆっくりと改良されていったものがある。一方、たとえばクランクの原理を応用した曲がり柄錐の曲がり柄などは、当時の最新科学に基づいて作られた。さらにまた、あるとき降ってわいたように登場した発明品がある。そのいい例がボタンだ。

寒さを防ぐ便利な道具であるにもかかわらず、人類は歴史のほとんどの期間を通じて、ボタンを知らずに過ごした。古代エジプト、ギリシア、ローマの人々は肩口と両脇を縫い合わせただけのチュニックやクローク、体に布を巻きつけるトーガなどを着ていた。中東、アフリカ、南アジアでも、ボタンは使われていない。これらの地域の気候はたしかに温暖だが、北方でもやはりボタンは存在しなかった。エスキモーやバイキングは貫頭衣《かんとうい》をベルトや紐で縛り、ケルト人は体をキルトで覆い、日本人は着物を帯で締めていた。古代ローマ人はたしかに衣服の飾りとしてのボタンは使ったが、ボタン穴を開けるという発想が欠けていた。また古代中国では紐に棒を通しはしたものの、一歩進んでボタンとボタン穴を発明することはなかった。こちらの方がより単純で便利であるのに、だ。

ところが一三世紀に入ると、突如として北ヨーロッパでボタン——より正確にはボタンとボタン穴——が出現した。この、あまりにも単純かつ精巧な組み合わせがどのように発明されたのかは、謎である。科学上の、あるいは技術上の大発展があったから、というわけではない。ボタンは木や動物の角《つの》や骨で簡単に作ることができるし、布に穴を開ければボタン穴のできあがりだ。それでも、このきわめて単純な仕掛けを作り出すのに必要とされた発想の一大飛躍たるや、たいへんなものである。ボタンを留めたりはずしたりするときの、指を動かしたりひねったりする動きを言葉で説明してみてほしい。きっと、その複雑さに驚くはずだ。ボタンのもうひとつの謎は、それがいかにして見出されたか、である。だって、ボタンが徐々に発展していった様子など、とても想像できないではないか。つまり、ボタンは存在したか、しなかったかのどちらかしかないのだ。いったい誰がボタンとボタン穴を発明したのかは知らないが、この人物——女性と考えるのが現実的だろう——は天才だったにちがいない。

## 戦争は発明の母

おそらく、ねじ回しもボタンと同様、中世に発明されたのだろう。私は一六世紀に活躍した画家にして版画家であるアルブレヒト・デューラーの銅版画や木版画を集めた画集を調べた。デューラーはときに工具を描いているからだ。たとえば聖家族のエジプト逃避を描いた木版画では、ヨゼフが手斧を使って分厚い板に穴を開けている。キリストの磔刑図《たっけいず》では、釘が打たれる場所に前もって大きな木工錐で穴を開ける男と、重そうなハンマーを振るう男の姿が描かれている。

工具がもっとも詳細に描かれているのは、有名な銅版画『メランコリア（I）』だ。翼の生えた女性のまわりに、さまざまな木工具が描かれている。金属製のディバイダ、片手のこ、鉄のペンチ、定規、型板、釘抜き付きハンマー、そして錬鉄製の釘が四本。だが、ねじ回しは見当たらない。『メランコリア（I）』には、錬金術師が使うつぼ、石臼、砂時計といった魔術や寓意を表す道具も描かれている。これらの道具は象徴的な意味から選ばれたというのが、美術史家の考えだ。たとえばハンマーと四つの釘は、おそらくキリストの磔刑を表すのだろう。きっとねじ回しには何かの暗示となるような重みが欠けているのだ。

テクノロジーが登場する書物で、一六世紀でもっとも有名なものは、アゴスティーノ・ラメッリの『種々の人工機械』だろう。この本は一五八八年にパリで出版された。ラメッリはイタリアの軍事技術者で、もともとはマリガーノ侯爵に仕えていたが、新教徒ユグノーと戦争をしていたカトリック連合に雇われてフランスに移り住んだ。その経歴は華々しい。ユグノー教徒の拠点であったラ・ロシェル包囲戦の際に負傷して敵の捕虜になったが、逃げ出して――あるいは捕虜の交換で解放されて――数カ月後には要塞の下に地雷をしかけ、ラ・ロシェル要塞の防御線を見事突破した。この戦いを指揮したアンジュー公アンリはのちにフランス王アンリ三世となり、ラメッリはこの王に自著を捧げている。自らカピターノ・ラメッリと称し、著名な同国人レオナルド・ダ・ヴィンチと同じ道を歩み、同じように高い名声を得た。同時代のフランス人は彼を「まさにダイダロスのような名工匠、当代のアルキメデス」と評している。ラメッリの著書の口絵には、要塞の模型の上に片手でディバイダをかざした、髭を生やした頑強そうな男性が描かれている。指先まで美しく手入れされたもう一方の手は、フランス胸甲重騎兵のヘルメットの上に置かれている。この肖像画は、ラメッリの二つの職業、つまり戦争と数学とを暗示する寓意画なのだ。

ラメッリの編集による、さまざまな機械や技術的な道具を解説した美しい挿絵のついたこの本は、この種の本の中でもっとも影響力をもつものだった（レオナルド・ダ・ヴィンチが残したノートが今日では有名だが、出版されたのはダ・ヴィンチの死後数世紀たってからのことである）。予想に違《たが》わず、攻城用機械、アコーディオンのように折り畳める渡河用の橋、投石機、そして巨大な弩《いしゆみ》がいくつも紹介されている。また、かんぬきを壊すスパナや、鉄格子や城門の落とし格子を切るのに使うやっとこ、そして扉を蝶番《ちょうつがい》から引き剝がすためのジャッキなどといった、「扱いが簡単で音も出ない」さまざまな侵入用工具も含まれている。音が出ない云々《うんぬん》には疑問が残るが、いずれにしても巨大な扉を蝶番からはずしてしまったら、それが大音響とともに倒れるのを防ぐ手立てはなかった。

実際には、この本に収められた二〇〇もの機械の大多数は平和目的のためのものだ。ラメッリは水位を上げる方法に熱中していて、各種の水車、ポンプ、バケツを運ぶコンベアー・ベルトが紹介されている。また、自動噴水や手動粉挽《こなひ》き機のような家庭用の道具もある。手動粉挽き機が重要なのは、それが石臼の代わりにローラーを使った最初の例であるからだ。とくに興味深いのは、ラメッリが作った回転式書見台だ。こうした書見台は、彼の時代にはすでに存在していて、学者が何冊もの大判の書物を調べるときに使っていた。しかし、それまでの書見台が四冊を載せて水平に回転したのに対し、ラメッリのものは直径が一メートル八〇センチもあって、現代の大観覧車のように縦に回り、八冊以上の書物を載せることができたのである。「美しくかつ画期的な機械だ。学問に親しむ人、とくに痛風に苦しめられている人には、非常に便利で使い勝手が良い」と、ラメッリは慎ましく述べている。この書見台こそ、「機械仕掛けのはなれわざ」の名にふさわしいものであろう。回転するあいだも、開いて台に載せた本を利用者が一定の角度で読めるようにするため、ひとつの円の内外を別な円が回る複雑な周転円《しゅうてんえん》の歯車が配置されているが、これは、それまで天文時計にしか使われなかった仕掛けなのである。もちろん、同様の仕掛

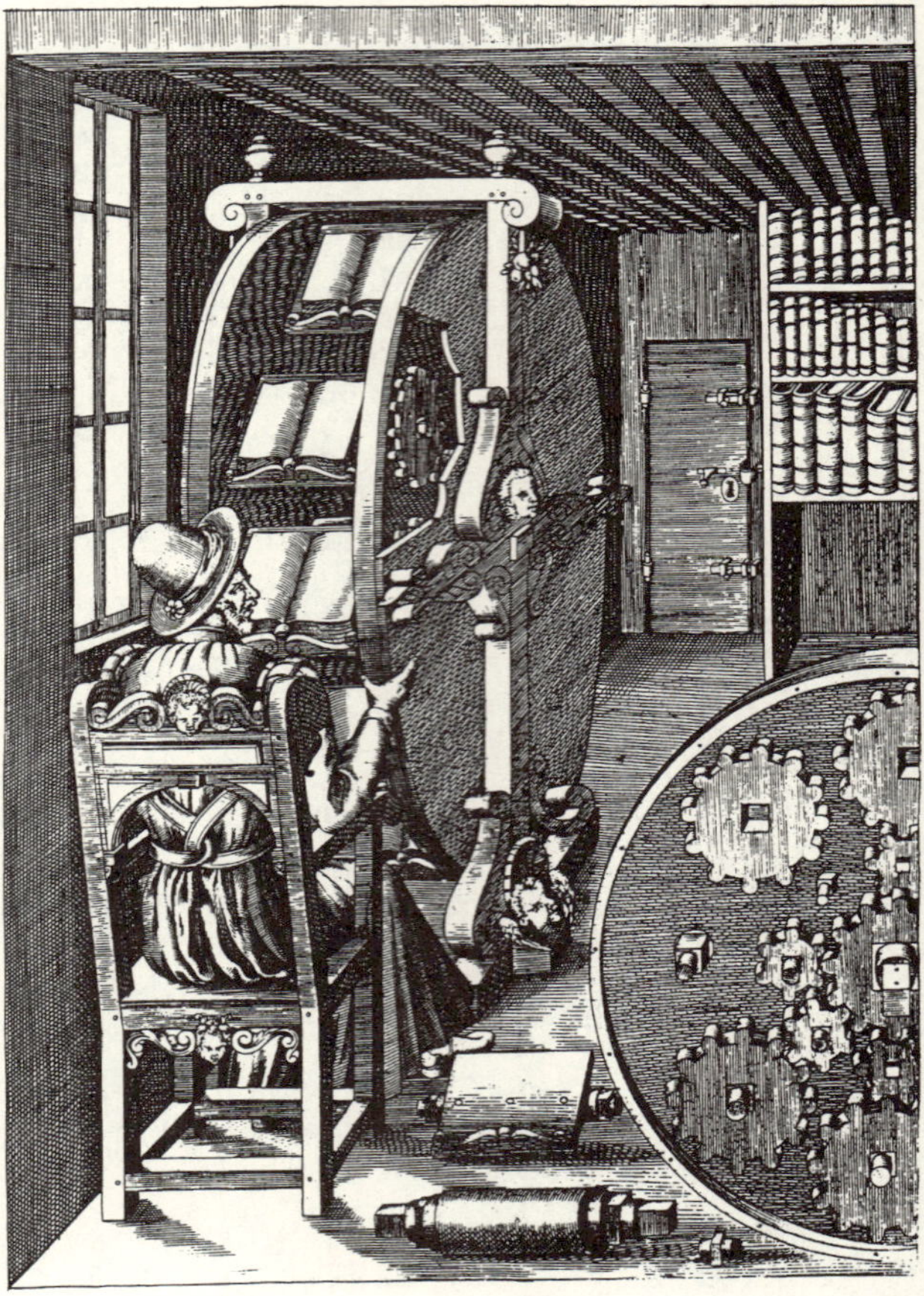

書見台。アゴスティーノ・ラメッリの『種々の人工機械』から（1588）。

けは重力によって実現できなくもないが（大観覧車と同様だ）、この歯車仕掛けによって、ラメッリは数学者としての技倆《ぎりよう》の高さを世に知らしめることとなった。

はからずも、この見事な大仕掛けにすっかり気を取られてしまったが、私はねじ回しを探しているんだった。見たところ、このどっしりとした木製の書見台は釘を使って組み立てられているらしい。しかしねじのほうも、ラメッリの本の他の頁に登場しているのである。次頁の図版でお見せするように、手動式粉挽き機の鉄製の脚は木の台にマイナスねじで留められ、そのひとつはねじ山を見せるためにわざわざゆるめてある。ということは、ねじは――おそらくはねじ回しも――これまで調べた文献が伝えるより一〇〇年以上も前から使われていたわけだ！

## ねじを追う――どこまで遡《さかのぼ》れるか

中世の技術を伝える点で有名な本といえば、『鉱山書《デ・レ・メタリカ》』というものもある。これは鉱物学と冶金《やきん》学についての学術書で、著者である、ザクセン生まれの学者ゲオルク・バウエルは、ゲオルギウス・アグリコラというラテン語のペンネームを使っていた。アグリコラはドイツで最初の鉱物学者で、体系だった科学的な地質学と鉱

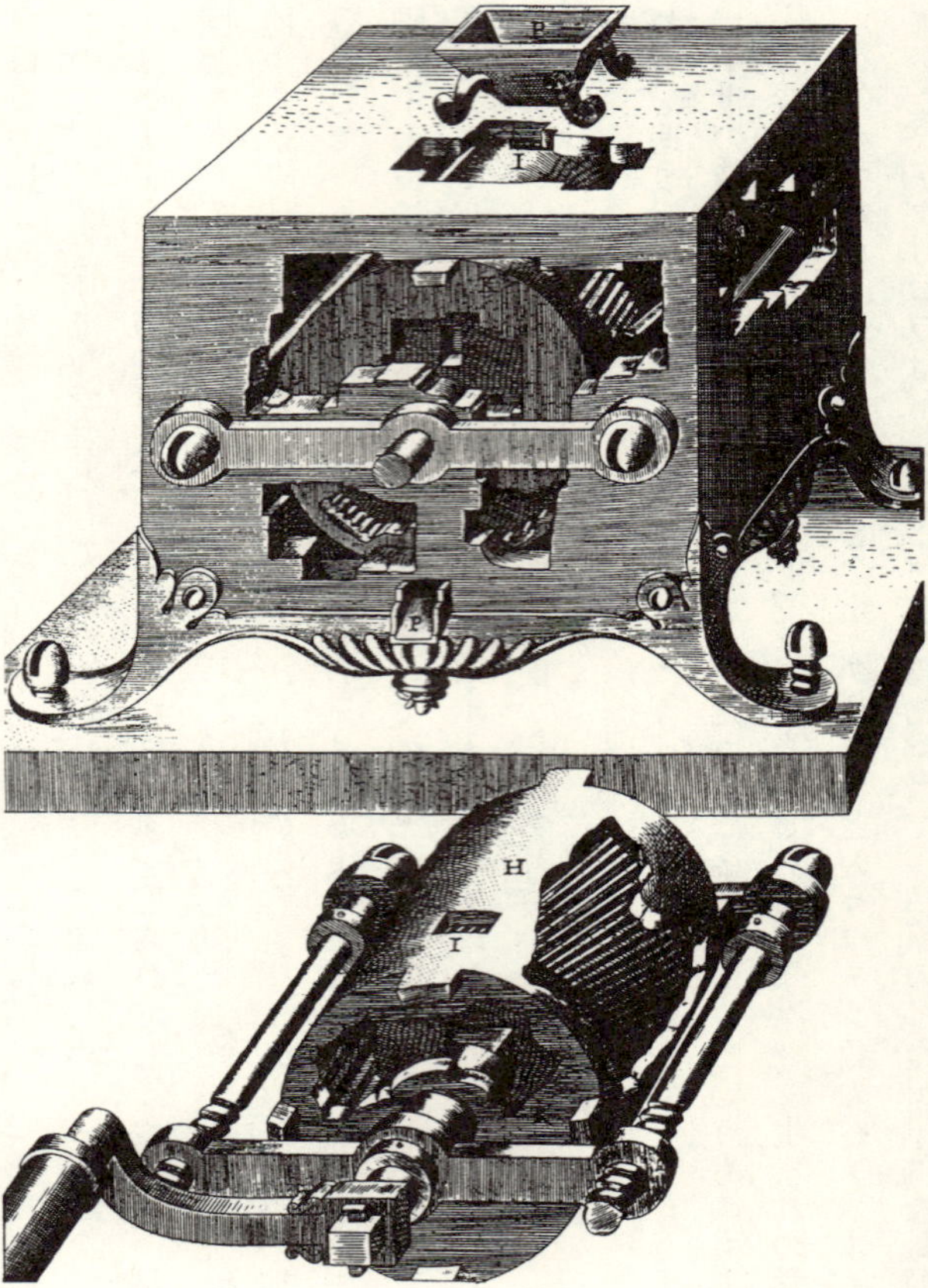


手動粉挽き機。アゴスティーノ・ラメッリの『種々の人工機械』から（1588）。

業の基礎を築いた人物である。その死の直後、一五五六年に出版された『鉱山《デ・レ・メタ》書《リカ》』には、ポンプ、巻揚げ機、溶鉱炉といった採鉱機械や製錬機械の木版挿絵がついている。さらに、こうした機械の多くは木製だったので、木工具も数多く描かれている。つまり、木製の太い支柱を作るのに使う斧や手斧、ハンマーと釘、槌《つち》とのみ、木に穴を開けて木管を作るための、長い柄のついた木工錐などである。

鉄を製錬するのに使う大きなふいごの作り方を描いた木版画には、さまざまな部品が見える。鉄製ノズル、木製ボード、そして革製のふいご。アグリコラによれば、馬皮よりも雄牛の皮が良く、「皮をふいごの本体に固定せず、皮とのあいだに帯を敷いて鉄ねじで留める人もいる」思わず、このくだりを二度も読み返してしまった。そうだ、たしかに鉄ねじとされているし、木版画の左すみに見事に描かれているのはねじではないか。先細りでねじ山の刻まれた本体に、一本溝のある平らな頭部がついている。どうやって回すかは描かれていないが、この木版画から、一六世紀半ばにすでにねじが使われていたことが証明されるのである。

## 中世の暮らしとねじ

アグリコラやラメッリの著作よりさらに早く出版された技術書に、いわゆる『中世の暮らし』がある。この手書き写本の著者や詳しい事情については明らかでないが、南ドイツで書かれたと考えられている。当時大勢いた騎士のための、居城での暮らしの管理マニュアルだ。

現存する六三枚の羊皮紙は、さまざまな美しい絵で飾られている。たとえば馬上試合、狩り、戦争、求愛の場面などだ。占星術による、誕生日を支配する惑星によって定められた性格を表す絵もある。太陽なら、帝王のように堂々とした人。金星なら、恋多き人。そして火星なら好戦的。勤勉さを司《つかさど》る水星は、さまざまな職人に取り囲まれている。オルガン職人、眼鏡をかけて口の広いコップを打ち出している金細工師、そして時計職人。

この写本の数ページがニューヨーク市のフリック・コレクションで展示されたときには拡大鏡を借りることができたので、私はこの絵をじっくり調べた。時計職人の作業台にねじ回しがあることを期待したのだが、残念ながら見つけることはできなかった。製錬作業の場面には水力を使ったふいごが見られるが、ねじは見当たらない。次いで、戦争技術に関する数ページ。ひとつひとつのページの上にじっと屈みこむ私に向けられる美術館の監視員の視線が、だんだん鋭くなっていくのがわかる。

大砲や戦闘用荷車、塀越えのはしごなどといった戦闘用具の複雑な絵のあいだに、さまざまな工具が描かれている。木工錐、いろいろな種類の拘束具、そして奇妙な形をしたかなてこについては、鉄格子をこじ開けるための道具だと説明書きがついていた。先に挙げたラメッリは、「城門の落とし格子こじ開け機」というものについて書いていたが、その先祖というわけだ。『中世の暮らし』にはスパナは登場するものの、ねじ回しは見当たらなかった。だが、落胆するには及ばない。なぜなら、鉄脚と一組の拘束具を留めているのが、溝のついたねじだったから。

『中世の暮らし』が執筆された正確な日付はわからない。大方の学者は、一四七五年から一四九〇年のあいだだろうと考えている。そうなると、アグリコラやラメッリより一世紀ほども早く、『百科全書』より三〇〇年以上も前のことになる。『中世の暮らし』ではねじがわざわざ別に描かれていることから、当時はまだもの珍しかったのだろう。興味深いのは、この本のなかでは、ねじが金属製の部品にねじ込まれていることだ。金属にねじ込むには、ねじ山を切った穴がなければはじまらないのだから、一五世紀にはかなり精巧なねじがあったことになる。

ねじ回しを見つけることはできなかったが、ねじが非常に古くから使われていたことがわかった。頭部にマイナスの溝のついたねじは、鉄脚と拘束具を留めるだけに使われていたわけではないだろう。私はまたデューラーの版画を調べることにした。

デューラーの宗教的、寓意的な版画には機械はほとんど登場しないが、例外は一五一八年に制作された最後のエッチングだ。この版画の主題は大砲である。大砲が田園を引かれていく場面で、下のほうの谷には、平和そうな村の家々の屋根が見える。兵器とのどかな田園風景とのコントラストが見事だ。この版画はまた、戦争の機械化を伝えるものでもあり、剣や槍を抱えた、むっつりした表情のトルコ人兵士たちも数人登場する。大砲とそれを載せた木の荷車、二輪の前車は細かく描写されている。とはいえ、砲口を上げる複雑な仕掛けを含む鉄の部品は、ねじではなく大釘で木枠に留められていた。

## 針路変更——火縄銃の改良史のほうへ

デューラーのエッチングを調べるうちに、いいことを思いついた。技術革新が武器から始まることは少なくない。第二次世界大戦中に開発されたレーダーやジェット・エンジンが現代の好例だ。ルネッサンス期に生まれた軍事技術のうち、もっともドラマティックなものが銃だろう。銃とは、もとをたどれば射石砲であり、短い臼状の筒から石を飛ばしていたのだ。これを木の砲座に固定し、たいへんな苦労をしてあちこちへ引っ張っていった。一五世紀終わりには、鐘の鋳造技術を使って、青銅製で約二メートル半の砲身が造られるようになり、車のついた砲架に載せて簡単に動かせるようになった。このようにして新たに発明された武器のひとつが、デューラーの版画の主題となったのだ。

鋳造所では、実際に大型の大砲を造る前に、持ち運びできる小型の武器を試験的に造ってみた。そのうち現存する最古のものが、一三〇〇年代半ばにスウェーデンで造られた、長さ三〇センチあまりの青銅製の「小型大砲」だ。砲身は平らな台木に固定され、砲手はそれを肘で支えるか肩にかついで撃つ。ちょうど現代の対戦車砲を撃つのと同じ姿勢だ。イタリアでは、この新兵器をアルコブジオ（文字どおりには「空洞のある弩《いしゆみ》」）と呼んだ。当時は銃製造先進国だったスペインでは、アルカブスと呼び、これがフランス語と英語のアーキバス（火縄銃）という言葉の由来となった。

火縄銃を撃つにはこつが要《い》る。銃口から弾を入れたら、片手で重い銃を支えながらもう片方の手でくすぶっている火縄を火口もしくは火皿につけなければならないのだ。二股の台や三脚に載せても、標的にねらいを定めることは難しい。さらに、弾を撃つ前に誤って引火する可能性が高いので、火薬に手を近づけることは危険きわまりない。射撃手の一団が片手に火のついた火縄を持って火皿に火薬を入れるときは、敵と同様味方にとっても危険な瞬間だった。

こうした問題に対して、一四〇〇年代初めに解決策が編み出された。銃床にカーブした鉄棒をつけ、そこに火縄を載せたのだ。もっとも初期のものでは、射撃手が鉄棒を回転させて、火縄をゆっくりと火皿に近づけていった。その後、バネ仕掛けの、いわゆる発火装置が開発された。火縄を支える鉄棒は後ろへ引かれていて、ボタンを押すとバネの力で火皿に付けられるのだ。この仕組みがさらに改善されて、レバーの形をした引き金——弩から拝借した——を引くと、火縄がゆっくりと火皿に押しつけられる、というものになった。いまや射撃手は、銃を固定し照準を定め

火縄銃を撃つ歩兵（1607）。

るために両手が使えるようになった。近代火器の誕生である——発火装置、銃床、そして銃身の三つが出揃ったのだ。

火縄銃は、あっという間に広まった。一四七一年、薔薇戦争当時のブルゴーニュ公の軍には一二五〇人の騎士と一二五〇人の槍兵、五〇〇〇人の弓射手、一二五〇人の火縄銃手がいた。一方、一五二七年にフランスからローマへ送り出された遠征軍の兵士八〇〇名のうち、半分以上が火縄銃手だった。射撃手がもっともありふれた兵士だったのだ。技術革新の波はふつう、富める者から貧しい者へと伝わっていくものだが、火器の流れは逆だ。最初の火縄銃は、不格好なうえに狩りに使うには精度が悪すぎるとして貴族からそっぽを向かれた。銃が紳士の武器となったのは、ようやく一五〇〇年代の終わりになってのことなのである。

私はニューヨークにあるメトロポリタン美術館の武器・甲冑《かっちゅう》ギャラリーを訪ね、古い時代の銃をこの目で確かめることにした。ガラスの陳列ケースの中に、一五七〇年代にイタリアで造られた火縄銃があった。全長は一メートルくらいで、木でできた銃床《じゅうしょう》は彫刻が施され、フィールドホッケー用のスティックのような奇妙な形をしている。この種の銃は胸当て銃《ペトロネル》と呼ばれ、フランスで開発された。銃身が胸《ポワトリン》に当てて撃つのに都合の良い形をしているため、というのが名前の由来である。しかし、その寿命は短かった。ある疑り深い英国兵士の、「反動が強すぎる」のではないか、という疑念が的を射ていたわけで、肩に当てるいわゆるスペイン式銃身にとって代わられたのだ。

メトロポリタン美術館にある胸当て銃には、これでもかというほどの装飾が施されていて、狩猟用に造られたことは一目瞭然だ。鉄の銃身と発火装置には彫刻があり、銃身には彫刻された骨が象眼されている。華麗な装飾に顔を近づけて検分していた私の目は、発火装置に吸い寄せられた。マイナスの溝が刻まれたねじの頭が二つ、隠れなく並んでいるではないか。発火装置は銃身にねじ留めされていることは見間違えようがないのだ。

おそらく、続けざまに射撃しても震動で発火装置が緩《ゆる》まないよう、釘の代わりにねじが使われたのだろう。ねじはこの銃が造られたのより早く、もちろん一五七〇年代より前から使われていたにちがいない。メトロポリタン美術館にはこの銃より古いものがないため、ポラードによる有名な『小火器の歴史』にあたってみた。すると、一五〇五年にニュルンベルクで描かれた絵の中に、火縄銃が詳しく描かれているのが見つかった。可動部分はリベットで固定されているが、発火装置そのものは、胸当て銃と同様、四つのねじで銃身に留められている。この絵は分解組立図だったので、ねじの全体像を見ることができた（下図参照）。丸く盛り上がった頭部には溝が一本あり、ねじ山が切られた軸は先細りになっていて、先端は鋭い。

ポラードの本で紹介されている火縄銃のうち、もっとも古いものの図版は、一五世紀ドイツの写本からとられたものだ。ずんぐりした銃は、銃身を切った現代のショットガンに似ている。短い砲身についた木の銃身の床尾は少し曲がっていて、反動を垂直方向に逃がす原理が導入されはじめてい

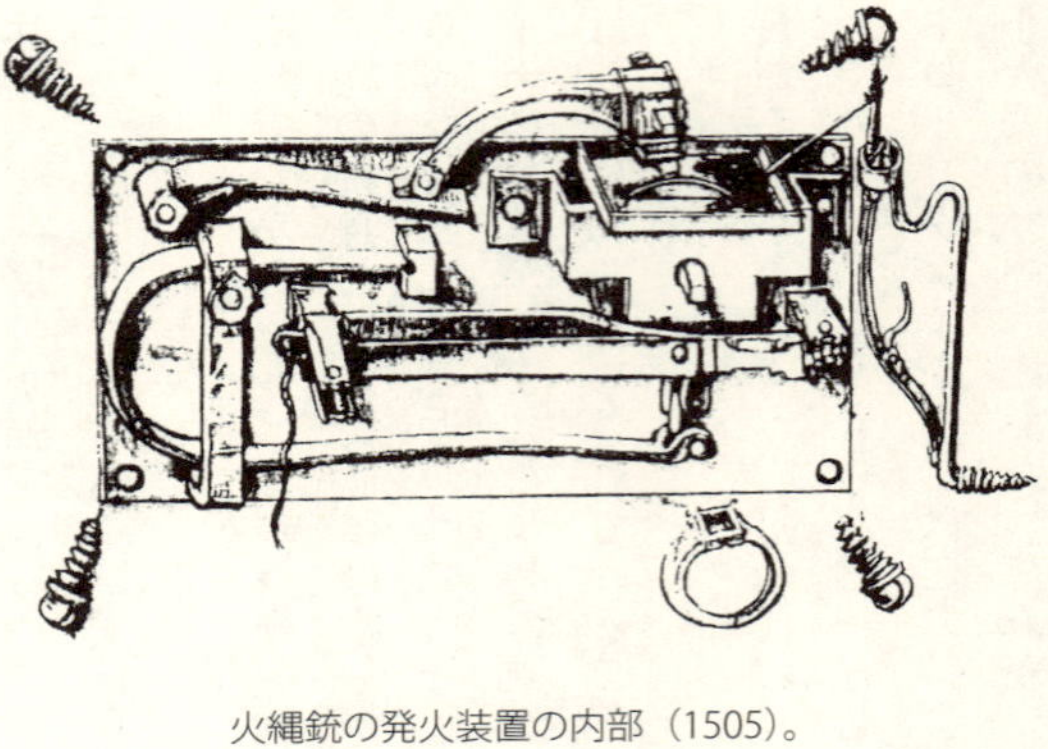

火縄銃の発火装置の内部（1505）。

たことがわかる。この細密画で描かれているのは、銃の右半面だけである。こちらでもやはり、発火装置は頭に溝のついたねじ二本で銃床に留められていた。この写本が作られたのは一四七五年だから、『中世の暮らし』とだいたい同じ時代のものだ。とうとうこれで、かなり古い時代からねじが広く普及していたことがわかった。

一五〇〇年代には火縄に代わる新しい発火装置、いわゆる歯輪《しりん》式（ホイールロック式）撃発装置が開発された。歯輪式装置の場合、一枚のバネの上に取りつけられた歯輪（ギヤ）がまず巻き上げられる（これを英語で「回転する《スパン》」といい、歯輪を回すのに使われたのが「スパナ」〔英国ではいまでも「レンチ」と呼んでいる〕だ）。引き金を引くと歯輪がすばやく回転し、それに黄鉄鉱がこすりつけられ、火花を散らす（現代のライターと同じ原理だ）。その火花が火薬に点火して、弾が発射されるのだ。黄鉄鉱を挟んで固定する部分は小さなねじで留められている。すりへった黄鉄鉱は定期的に取り替える必要があるので、射撃手はねじ回しを常に携帯していなければならない。その解決策が、コンビネーション工具である。スパナの柄の先が平らになっていて、ねじ回しの役目を果たすのだ。これこそ、ディドロの『百科全書』に登場する「射撃手のねじ回し」にちがいない。

＊＊＊

## 甲冑《かっちゅう》の歴史へ脱線

メトロポリタン美術館の火縄銃が展示されている小部屋は、武器と甲冑を展示する大部屋につながっている。銃を調べた後、私は甲冑を見ることにした。とくに何かを調べるためではなく、子供のころに『アイヴァンホー』を読みふけったり、アーサー王と円卓の騎士が出てくる映画を観て楽しんだ思い出があるからだ。

大展示室の中央を占めるのは、甲冑を着せた馬に跨《また》がる騎士の一群だ。錆止めを塗られた甲冑は光り輝いている。紋章の入った旗や色とりどりの小旗が垂れ下がっているせいで、陽気なお祭り気分が漂っていて、展示されているのが人殺し用の装備であることを忘れてしまいそうになる。この日、展示室には学校の遠足で来ている子供が大勢いて、やかましくはしゃいでいた。私はある展示ケースの前で立ち止まった。実用的な黒ずくめの装具一式だが、べつに中世騎士物語の主人公エスプランディアンのものというわけではなく、よくある手だが、錆びないよう黒く塗ってあるだけなのだ。くちばしのように尖《とが》った兜には、目の部分に細い穴が開けられている。「すごいや！」隣にいた男の子が、友だちに声をかけた。「ダースベイダーみたいだ」

この兜は、ドイツのドレスデンで一五八〇年から一五九〇年のあいだに造られたもので、一般にいわれる甲冑の黄金時代からわずかに下ったころのものだ。黄金時代は、といえば、一四五〇年から一五五〇年にかけてになる。私が幼いころに観た映画とは裏腹に、六世紀に生きたアーサー王の騎士たちは、鉄の甲冑ではなく鎖帷《くさりかた》子《びら》を着ていたはずだ。丈夫な鉄板が使われるようになったのは、一三世紀終わりのことだった。まず脛《すね》と膝が覆われ、次に腕が、そして一四〇〇年ごろになって、体全体を甲冑で覆うようになった。鉄板をつなげるには、鉄や真鍮、あるいは銅の鋲《びょう》が使われた。二枚の鉄板を微妙にずらして動かす必要があるときは、穴ではなく溝を開けて鋲を取りつけた。また、甲冑の着脱部は割りピンと回転式の留め金で留められている。胸当てや背当てといった大きな部分は革紐で締めた。

この、ドレスデンの甲冑は、馬上槍試合用に造られたタイプのものである。馬上槍試合はもともとは戦いの訓練であり、馬に跨がった騎士たちが槍や剣、棍棒を使って優劣を競った。勝つためには手段を問わないトーナメントだったのが、一六世紀にはルールに則《のっと》ったスポーツとなった。二人の騎士がそれぞれ先を丸めた三メートル半ほどの槍を構え、チルトと呼ばれた低い木の柵をはさんで対峙《たいじ》し、相手に向かって突進する。相手を落馬させるか槍を折るか、あるいは体のあちこちを打って得点を重ねたほうが勝ちだ。騎士の安全のために、馬上槍試合用の甲冑は頑丈に造られたので、重さも四五キロを超えたのである（実戦用の甲冑はもっと軽く、一八〜二七キロくらいだ）。

馬上槍試合《シャルフレナン》は、先を尖らせた槍を使うきわめて危険なもので、ドイツで行なわれ、とくに若者のあいだで人気があった。こうした試合では、さらなる防具が必要になる。兜《レンフート》では頭部と顔の上部までしか覆えない。だから、顔の下部と首は鋳物の板《レンタルチェ》で覆い、この板はさらに伸びて左肩まで覆い、胸当てに留めたりもできた。チルト・タージと呼ばれる小さな盾も、胸当てに結びつけられた。こうした「ターゲット」は、打たれれば落ちる仕掛けになっていた。ターゲットには時にバネ仕掛けが施され、打たれるとドラマチックに跳ね上がって、観客は大喜びで拍手喝采したことだろう。

展示室にある大半の甲冑と同様、この甲冑の鉄板も鋲や革紐で留められている。が、そのとき、私は気づいたのである。首覆いが胸当てにねじで留められているではないか。溝のついた直径一・三センチほどの頭部がはっきりと見える。甲冑製作にも、ねじ回しは使われていたんだ！　甲冑用の鉄板は比較的薄いので、おそらくねじとナットとをかみ合わせたのだろう——内側に隠れたナットを見て確かめたわけではないが。ロンドン郊外のグリニッジにあった王室武具工房では、十数人の武具師のほかに、めっき師、機械工、兜や鎖帷子作りの専門家、錠前師といった専門的な職人が働いていた。ねじを作り出したのは、おそらく錠前師だろう（中世の錠前には、ねじ山をつけて回す仕組みのものもある）。

これらのねじとナットの製造法については、かなり確かなことが言える。モクソンの『職人の修業』に、「ねじとナットの作り方」なる小見出しがつけられたくだりがあるからだ。モクソンの記述によれば、中世以来たいして変わっていないはずのこの工程では、鋳造した未加工の金属片をハンマーでたたいて頭部と軸を作り、ダイスを使ってねじ山を切り出す。ねじ切り板とも呼ばれるダイスは鋼鉄製で、いくつかの外径のねじが造れるよう、直径の異なったねじ切り用の穴が複数開けられている。ハンマーで形を整えた金属片を万力で締めて固定し、とりつけたダイスを回しながら押し下げていくと、ねじ山を切り出すことができるというわけだ（そのねじをねじ込むべきナットの溝は、先細りのねじに取っ手をつけたような、タップで切り出す）。「ナットを万力で固定するときには、きっちり水平になるように、すなわち、ナットの穴が垂直になるよう留意する。取っ手のついたスクリュータップを使っているなら、取っ手を持って、穴にそって力強く回すこと。そうすればスクリュータップがひとりでに穴に入っていき、ナットの内側に、ねじこまれるねじのねじ山にぴったり合う溝ができる」モクソンの説明は込み入っているが、つまるところ、この方法でねじを作るには繊細さと力とをうまく組み合わせることが必要だと強調しているのである。

ドレスデンの甲冑をさらに詳しく調べるうちに、兜が蝶ナットで背当てに固定されていることに気づいた。馬上槍試合では、兜を打てば最高得点が得られるので、頭の防御には特別な注意が払われていた。実戦用の兜は頭をぴったり覆う作りで、鎖帷子製の被《かぶ》りものの上に着用する。一方、馬上槍試合用の重い兜は頭に直接載せることはせず、現代の深海ダイビング用のヘルメットのように、両肩で支えられている。それが外れないよう、胸当てと背当てに固定しているのは革紐だった。一九一二年に甲冑に関する本を出版したチャールズ・フォルクスは、次のように述べている。「馬上槍試合やトーナメントの際には、こうした締め具では信頼性に難なしとしなかった。ゆえに大兜《グレート・ヘルム》は……甲冑にねじで留められていることが多かった」さて、ドレスデンの甲冑につけられていたような蝶ナットはのちの時代に改良されたのであり、兜を都合の良い角度で留めることが可能になった。これは重要なことだ。いわゆるがま口兜《フロッグマウス・ヘルム》には、細くてくちばしのようなスリットが開けられているので、騎士は相手に向かって突進しながら、前屈みの姿勢で

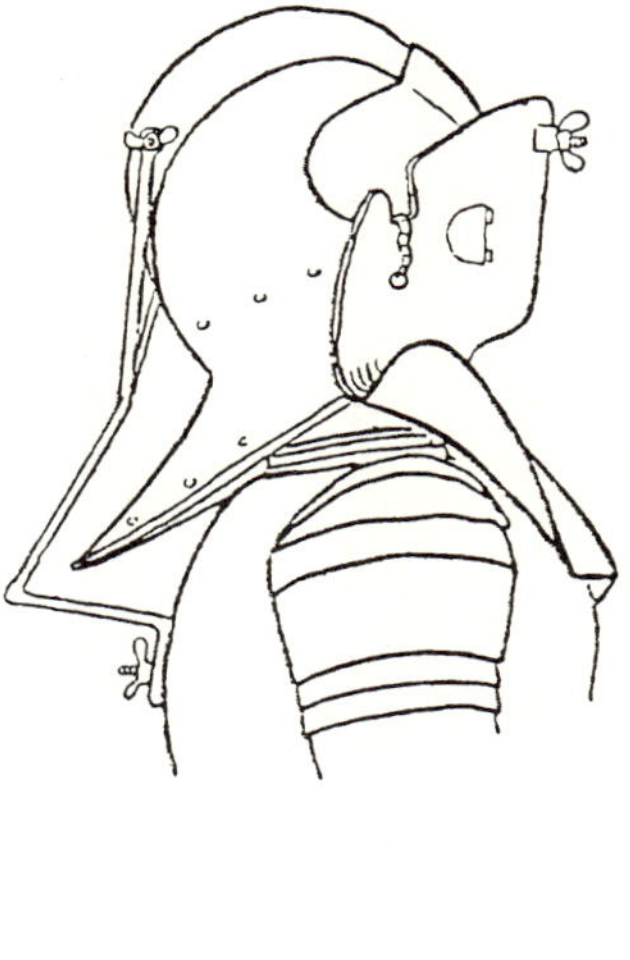

馬上槍試合用の兜と首覆い
（ドレスデン、16世紀）。

ものを見ることができる。攻撃する直前に上体をまっすぐ立てると、兜の下部が飛び散る破片から目を守ってくれる。勇気の要《い》ることだ。馬を駆ってデッキを走り、がたがた揺れる兜に開いた細い穴からようやく見える敵に向かって重い槍でねらいを定めた次の瞬間には、目の前がいきなり真っ暗になり、そのまま甲冑と槍が激突する轟音と衝撃をあびなければならないのだから。

ねじが革紐にとって代わったのがいつなのか、はっきりしたことはわからない。フォルクスはフランスで一四四六年に書かれた軍事マニュアルについて言及している。このマニュアルでは、馬上槍試合用の甲冑について詳しく描写されているからだ。それによれば、ほとんどの部品は「釘づけ」されていた（当時は鋲が武具釘と呼ばれていたことから）が、「内側から鋲止めされていた」とされた箇所もひとつだけあり、この場合、ねじとナットが使われていたのではないかと考えられる。そして一四八〇年にはすでに、兜を胸当てに留めるのにねじが使われていたという記述もあったのだ。メトロポリタン美術館に展示されている最古のねじは、ドイツかオーストリアで一四八〇年から九〇年にかけて造られた甲冑の、鉄製の胸当ての一部だった。もし一四八〇年代にねじが使われていたなら、ポラードの『小火器の歴史』の火縄銃に使われたねじや、『中世の暮らし』の金属にねじ込んだねじと同時代のものということになる。フォルクスはねじの頭部は四角か多角形だとしているが、私がメトロポリタン美術館で目にしたねじの頭は、どれも溝が一本つけられていた。

私はフォルクスの本の「工具、装置等」の章をめくった。この本によれば、甲冑職人が使った道具のほとんどは現存しない。大英博物館に展示されている道具について、こんな説明があった。「同じ展示ケースには、『甲冑職人のペンチ』もある。これは今日の多機能な小型工具に似て、ハンマー、ニッパー、釘抜き、ねじ回しを

多機能な甲冑職人の工具（16世紀）。

備えている」図版を参照、とあったので、私はどきどきしながら図版Vを探した。最初に見たときには気づかなかったが、注意深く検分すると、ペンチの一方の柄の先は針のように尖り、もう片方の先は――ねじ回しの平らな刃になっていた。図版の下には、一六世紀のものと説明がある。

またしてもコンビネーション工具だ。最古のねじ回しが、ハンマシャー・シュレマーのようなアイディア商品の店で買える安物の家庭用工具に似ていることに、私はがっかりした。フォルクスはこれをねじ回しと呼んでいるが、火縄銃のスパナの一部だったねじ回しの刃と同様、おそらくこれにも独自の名前はついていなかったのだろう。ねじの数が少なかったので、その場しのぎのねじ回しがあれば充分だったのだ。

# 第4章　「二〇世紀最高の小さな大発見」

## 釘かねじか

最古のねじ回しを探すうちに、ねじに興味が涌いてきた。ふいごを作る過程でねじと釘を比べたアグリコラは、次のように述べている。「(ねじのほうが)はるかに優っていることに疑いの余地はない」

実際のところ、ものを固定する道具としては、錬鉄《れんてつ》製の釘は出色《しゅつしょく》の出来といえよう。ただ、錬鉄製の釘は、現代の鋼鉄製の釘とは似て非なるものだ。現代の釘は丸くて先が尖《とが》り、木の繊維のあいだに押し込むことができる。こうした釘は、柔らかい木材(トウヒ、マツ、モミ)には効果的だが、堅い木材(カエデ、シラカバ、オーク)に使うと割《さ》いてしまうことが多い。さらに、柔らかい木材であっても、丸い釘の保持力は弱い。釘は隣りあった二面の繊維から受ける圧力だけで支えられているからだ。一方、錬鉄製の釘は、断面が四角か長方形をしていて、先は手でやすり掛けした、のみの刃状になっている。のみの刃状の先端部は木目と交差して打ち込まれると、木の繊維のあいだに入り込むというよりは、ちょうど鉄道用の犬釘のように繊維を切って進む。こうした釘は、非常に堅い木材も割くことなく打つことができ、一度打ってしまえば引き抜くことはまずむずかしい。これは、船大工用の錬鉄製の釘のレプリカを板に打つ実験をしてわかったことだ*。

とはいえ、錬鉄製の釘も万能ではない。ドアのように薄い一枚板に打ちつけられると、保持力が大幅に下がるので、しっかり留めるためには反対側から突き出した先端部を折り曲げてやらなければならないのだ。しかも、錬鉄製の釘がもっとも効率良く、しかも容易に製造できるのは、ある程度の大きさ以上（少なくとも二・五～五センチ）の場合に限られる。革紐をふいご台に固定したり、銃身に発火装置を留めたりといった細かい部分で、ねじが釘にとって代わった理由はそこにあった。ねじなら、短くても大きな保持力がある。釘や大釘とは異なり、ねじを固定するのは摩擦ではなく、鋭い螺旋《らせん》状のねじ山が木の繊維に入り込むことによる力学的な作用だからだ。この作用は強力で、きっちりはめられたねじを抜くには、まわりの木ごと削り取るしかない。

## 安価なねじをいかにして作るか

一六世紀においてねじが抱えていた問題は、釘と比べて高価だったことだ。鍛冶職人は、釘なら比較的短時間で作ることができた。鍛冶場の炉から出したばかりの、真っ赤に熱せられた鉄をたたいて細長く伸ばして尖らせ、もう一度熱してから頭部用の道具に通し、大型のハンマーで頭部を形づくる。ローマ人が発明して以来、一八〇〇年代になっても使われていたプロセス（バージニア州モンティセロにあったトーマス・ジェファーソンの邸宅では、奴隷がこの方法で釘を作っていた）は、経験豊かな「釘鍛冶」の手になれば、一分とかからなかった。一方、ねじを作るには、もう少し複雑な工程が必要だ。まずブランク（素材片）を鍛練し、尖らせ、釘に似ているが四角ではなく丸い頭部を作る。それから弓のこを使って頭部に溝を一本つ

＊　一九世紀初めには、手作りの釘に代わって、錬鉄板（のちには鋼鉄板）から打ち出した、同様の横断面をもつ釘が現れた。こうした釘はやすりで磨いて仕上げた。

ける。最後に、手作業でねじ山を切っていくのである。

鉄砲鍛冶は仕事用のねじを自分で作った。ちょうど武具師がボルトや蝶ナットを手作りしたのと同じだ。時計職人はどうだろうか。教会の小塔などにとりつけた塔時計といったものなら、早いもので一四世紀にはヨーロッパに登場している。詳細がわかっているもので最古の時計は、イタリアのジョバンニ・デ・ドンディが作ったものだ。驚異的な精密さをもつ、いわゆる天文時計である。

七つある文字盤は、古代から知られた天体の位置を表わしている。つまり太陽、月、水星、金星、火星、木星、土星の運動を示す。さらに、回転する文字盤のひとつはキリスト教の祝日を、もうひとつはその日の日照時間を示す。デ・ドンディは、青銅、真鍮、銅の各部品を手作業で作ったそうだ。この時計の製作には一六年かかり、できあがったのは一三六二年のことだった。オリジナルの時計は一六世紀に火事で焼失したが、デ・ドンディの手になる詳細な設計図が残されていたので、一九六二年にロンドンで二つの模型が作られ、実際に動かされた。そのひとつは、現在ではワシントンにあるアメリカ歴史博物館に展示されている。

私はそれを、モントリオールで行なわれていた期間限定の展覧会会場で目にすることができた。七つの文字盤をもつこのうっとりするほど見事な機械時計は、高さが一メートル二〇センチ程度。大歯車から下げられた重りによって歯車が動く仕掛けだ。私は中のメカニズムを子細に点検していった。見るかぎり、すべての連結部は、木工で使うほぞ穴とほぞによって留められている。出っぱったほぞには溝穴が開いていて、そこにくさびを噛ませる。くさびの長さは、針ほどに小さなものから二・五センチ程度のものまでと、さまざまだ。こうした部品は数百もあるにちがいないが、ねじはひとつも見当たらなかった。

ブリテンの『世界の古時計と時計屋の歴史』（邦訳『図説時計大鑑』）は一八九九年に初版が出た時計史に関する基本文献だが、それによれば「一五五〇年以前の時計にはねじはまったく使われていない」という。ねじが使われはじめたのは、家庭用の小さくて軽い時計、とくに腕時計への需要が高まったためだ。ブリテンは「もっとも初期の腕時計にも、少なくともねじがひとつは使われている。こうしたねじの頭部はドーム型をしていて、溝はV字型だ。ねじ山は粗《あら》く、幅も一定でない」と書いている。

***

## ねじ作りの産業化

一六世紀半ばになると、ねじはさまざまな場面で使われるようになり、腕時計用のごく小さなねじとボルトから、銃に使う大きなねじ、甲冑用の頑丈なボルトなどが現れた。それでも、ねじ製造業が発展するまでにはさらに二〇〇年もかかっている。『百科全書』によれば、リヨン近郊のフォレの町はねじ作りを専門にしていて、さまざまな長さ——一センチ余りのものから一〇センチ程度のものまで——が作られていた。ただし値段が高かったので、本単位のバラ売りである。そして頭部は溝がつけられているか四角いかのどちらかだった。

イングランドでは、ねじ作りは家内工業として興《おこ》り、ミッドランド地方に集中していた。はじめに、その土地の鍛冶職人が頭部の形をつけた錬鉄のブランク（素材片）を大量に作り、いわゆる「ねじ職人」に渡す。「ねじ職人」は自宅で家族や一〜二人の手伝いとともに仕事をする。まずは弓のこを使って頭部に「刻み目」とも呼ばれる溝を彫る。ここは容易な工程だ。それからねじ山、別名「ウォーム」を手作業で切っていく。ねじ職人によっては回転する軸——原始的な旋盤のようなもの——を使い、片手でクランクを回しながらもう一方の手で重い刃を前後に動かす。どの方法を使ったにせよ、細かくてたいへんな仕事であり、ウォームは目算で切るので、できあがったねじ山は浅くて深さも一定でない。当時の人間がねじ職人の仕事を観察し、こんなことを書いている。「これほど手間ひまかけて作るねじは釘とは競争にならず、結果として取引量もごくわずかだ。おまけに、質もお話にならない。こんなやりかたでは、きちんとしたねじ山を切ることなどできるはずがない」

モクソンの本でも『百科全書』でもともに、ねじは錠前師が錠前をドアに留めるために使ったとされている。また、一八世紀の大工についての文章では、蝶番《ちょうつがい》、とくに一風変わったガーネット蝶番をねじで留めたとされていた。ガーネット蝶番は┣━のような形をしたもので、水平の部分を戸口の側柱に、垂直の部分をドアに留める。食器棚などの軽い扉や鎧戸に使われ、枠に釘で打ち付けるのではなく、ねじで留められた。反対に、重いドアはドアの幅いっぱいの長さがある帯蝶番を釘で打ち抜き、端を折り返して固定した。

帯蝶番とガーネット蝶番は今日《こんにち》でも使われているが、一般に広く普及している蝶番は背出し蝶番だ。これは表面に取り付けるのではなく、ドアの木口にほぞ穴を開けて埋め込む。このように取り付けられた蝶番は、ドアを閉めればほとんど見えないので都合が良い。一六世紀にはすでにフランスで使われているが（ラメッリの本に挿絵が載っている）高価であり、真鍮か鉄で手作りされた。一七七五年に、二人の英国人が鋳鉄製で大量生産用の背出し蝶番のデザインの特許権を取った。鋳鉄製の背出し蝶番は帯蝶番よりも安価だが、ひとつだけ欠点があった。釘で打ち付けることができないのである。釘はドアの開け閉めをくり返すとゆるんでしまうが、ドアの木口に打ってあるので、端を折り返すことができない。したがって、背出し蝶番はねじ留めしなければならないのだ。

偶然にも、背出し蝶番が普及しだすのと時を同じくして、良質で安価なねじの生産方法が確立した。それより何年も前に、イングランドのミッドランド地方、スタフォードシャー出身のジョブとウィリアムのワイアット兄弟がねじ製造法の改革に乗り出していたのである。一七六〇年、二人は「一般に木ねじと呼ばれる鉄製ねじをより効率的に切り出す方法」の特許を取った。彼らの方法では、工程は三つに分けられる。まず、錬鉄の素材片を心棒につけて回転させ、皿穴の形に合わせ、やすりで頭部を円錐形にする。次に、心棒を止め、回転式の鋸歯で頭部に溝を刻む。最後に、金属片を先程とは別の心棒につけ、ねじ山を切る。ここが、このプロセスの独特なところだ。手で刃を動かして切る代わりに、親ねじを追うピンにつなげたカッターで切るのだ。言い換えれば、自動化された作業なのである。いまや、これまで数分かかって作っていたのよりもずっと良質なねじが、わずか六、七秒で作れるようになったのだ。

ワイアット兄弟が資金を集めて、バーミンガムの北にあって廃屋《はいおく》になっていた粉《こな》挽《ひ》き用の水車小屋を買い取り、世界最初のねじ工場を建てるまでに、一六年もかかった。その後、理由はわからないが、事業は失敗した。おそらく二人にはビジネスの才が欠けていたのか、時代の先を行きすぎていたのだろう。それから数年後、工場の新しい持ち主は背出し蝶番の人気によってねじの需要が増大しているのに乗じ、ねじ製造業を見事に成功させた。三〇人の工員が一日に一万六〇〇〇本のねじを製造した、という。

機械製のねじはたんに以前より早く製作できるだけでなく、品質もずっと良かった。良質なうえに、値段も安い。一八〇〇年には、英国でのねじの値段は一ダース二ペンスしなかった。やがて、ねじ製造の世界でも蒸気機関が水力にとって代わり、製造過程でもいくつもの改善がなされた。その後五〇年を経て、ねじの値段はほとんど半額になり、次の二〇年で、そのまた半額になった。安いねじは、さらに格好の市場を見出した。背出し蝶番を留めるだけでなく、薄い木材をしっかり留めるために役立つとわかったからで、船や家具、高級家具調度品や自動車製造にも使われるようになったのである。需要の高まりとともに、製造量も激増した。英国では一八〇〇年には年間一〇万本に届かなかったねじの生産量が、六〇年後には七〇〇〇万本に増えていた。

***

## ねじはいかに洗練されたか

さて、ここで現代のねじを詳しく見てみよう。小さいが、よくできている。ねじ山は、ピンのように鋭い先端部、ギムリット・ポイントから始まり、円筒形をした軸を取り巻いている。ねじの先端部へ行くにしたがい、円筒形だった軸はゆるやかに細くなりはじめ、ねじ山は結局一点で消失する。「なめらかに細くなって一点で消える」という点が重要だ。というのは、ねじ山が突然終わってしまうと、ねじの保持力が弱くなるからだ。

初めて大量生産されたころのねじは、これとはまったく違っていた。第一に、手作りされたねじの先端は尖っていたが、当時の大量生産になるねじの先端は鈍く、前もってドリルで開けた穴に差し込まなければ使えなかった。真の問題は、生産プロセスにあった。ねじの先端が点になるほど鋭く加工することはできない――一方、ねじ山はこの先端部まで届かせなくてはならない。しかし、旋盤では先細りのねじ山を切ることはできなかったのである。カッターに角度をつければ、ねじの頭から先端まで、軸の全長にわたり均等に先細りになるねじならできるが、このようなねじの保持力は弱かったので、大工から見向きもされなかった。そこで、ねじの軸（円筒）部分からギムリット・ポイント（円錐）まで途切れることなくねじ山を切ることのできる機械が求められるようになった。

米国の独創的な機械工が、解決策を見つけた。米国で最初のねじ工場は一八一〇年にロードアイランド州に建てられたが、英国製の機械を使っていた。ロードアイランド州の州都プロヴィデンスは、一八三〇年代に需要が激増した米国ねじ製造業の中心となった。一八三七年から、ギムリット・ポイントつきねじの問題に取り組んだ特許が次々に申請されていったが、あるべきねじが作れるようになるまでには、一〇年以上の試行錯誤が必要だった。一八四二年に、プロヴィデンスのニューイングランド・スクリュー社に勤めていた技師のカレン・ウィップルが、完全に自動化した機械生産の方法を発明した。その七年後、ウィップルは先端の尖ったねじを作る画期的な方法を編み出し、特許を取った。トーマス・J・スローンが発明した、それとは少し異なる方法は、大手であるアメリカン・スクリュー社の主力製品に使われた。もう一人のニューイングランド出身者であるチャールズ・D・ロジャーズは、ねじ山をつけた円筒を滑らかな部分につなげる問題を解決した。こうした改善がなされたことで、米国はねじ製造で他を引き離し、ねじが現代の形になった二〇世紀初めには、米国式の製造法が世界中で使われるようになった。

＊
＊＊

## 改革者ロバートソンの闘い

一五世紀以来ずっと、ねじの頭部は四角か八角形をしているか、溝があった。四角か八角形であればスパナで回し、溝のあるものはねじ回しで締めた。溝が作られるようになった理由は、謎でもなんでもない。四角い頭部はスパナに合うように正確に作らなければならないが、溝は手作業でも簡単につけることができるからだ。頭に溝のついたねじなら、皿穴にねじ込めば表面から飛び出さず、背出し蝶番を留めるのに好都合だった。皿穴にねじ込むねじが登場した一八〇〇年代初めには、頭部に溝をつけること——そして平らな刃のねじ回し——がねじの標準となった。だから、ねじ自体の生産が機械化されても、伝統的な溝が生き残ったのである。

ただし、溝つきねじにはいくつかの欠点があった。ねじ回しの刃が溝から外れやすいのだ。そうなると、取りつけている最中の物か自分の指を——あるいは両方を——傷つけかねない。ねじ回しと溝がしっかり嚙み合わないために、ねじを締めたり緩《ゆる》めたりするときに、ねじ回しの刃が溝をダメにしてしまうことがしょっちゅうだった。そして、たとえば梯子の上や狭い場所での作業中ならば、片手でねじ回しを扱わなければならないという、困った状況に陥ることもある。しかし、溝つきねじを片手で締めろというのは、無理な相談である。ねじはぐらぐらし、ねじ回しはスリップし、ねじが地面に落ちて転がり、職人は腹を立てて――これで何度めになることやら――ねじを発明しただれかを罵《ののし》るのである。

米国のねじ製造業者は、こうした欠点について無関心だったわけではない。一八六〇年から一八九〇年にかけて、磁石でできたねじ回しや、ねじを固定する道具、ねじ頭部の直径より短い溝、二本溝、溝の代わりに四角、三角、六角形のソケット、ないし凹みをつけたねじが次々に特許を取った。もっとも使えそうだったのが、いろいろな形のソケットつきねじだった。ソケットならねじ回しの先がきちんと収まり、滑ることもない。問題は――またもや――生産方法にあった。ねじの頭部は冷えた棒状の鉄を機械で打ち抜いて作る。したがって、ねじ回しの刃を支えるだけの深さをもつソケットを開けようとすると、ねじを弱めるか頭部の形を崩してしまうことになるのだ。

解決策を見つけたのは、二七歳のカナダ人、ピーター・L・ロバートソンだった。ロバートソンはフィラデルフィアの工具会社に雇われたいわゆる巡回セールスマンで、カナダ東部をあちこち巡り歩いて、道端や祭りの屋台で道具の実演販売をしていた。それ以外の時間は自分の工房で、さまざまな機械を発明して過ごしていた。たとえば「ロバートソンの二〇世紀スパナ・ブレース」は曲がり柄、モンキーレンチ、ねじ回し、万力、鋲作りとして使えるコンビネーション工具だ。他にも改造コルク抜きや新タイプのカフスボタン、改良型ねずみ捕りなど、手当りしだいに特許を取っていた。そして一九〇七年に、ソケットつきねじの特許が取れたのだ。

ロバートソンはのちに、モントリオールの歩道で見物人を相手にばね式ねじ回しの実演販売をしている最中に、ソケットつきねじのアイディアがひらめいたの

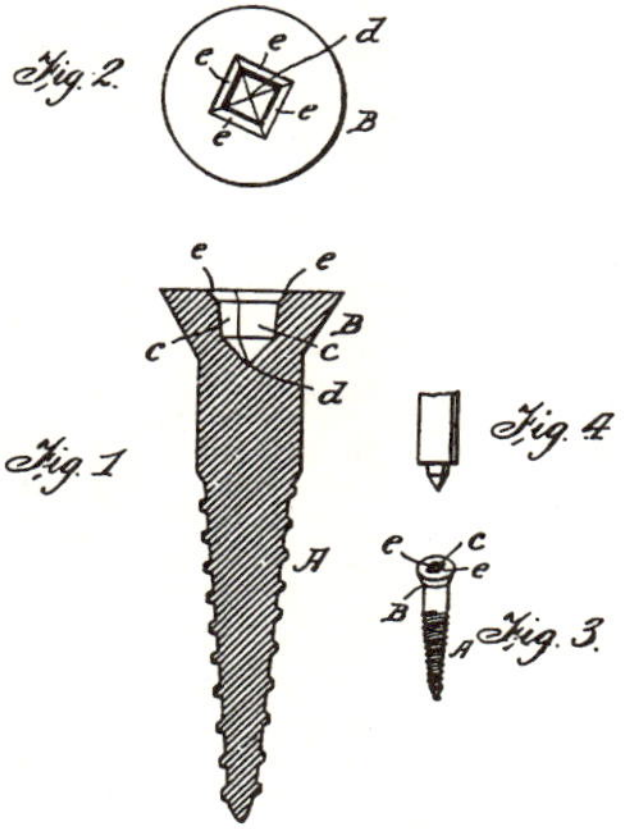


ピーター・L・ロバートソンが1907年に取得したソケットつきねじの特許。

だと回顧している。ねじ回しの刃がねじの溝からすべって、手に怪我をした、そのときのことだった。発明の秘密はくぼんだソケットの形そのものにあり、四角い開口部の角《かど》が面取りされ、穴はかすかに先細りになり、底の部分はピラミッド形をしている。「この形通りの角度にした押抜き具を使えば、冷えた金属は内側に押し込まれずに横に流れ、結果として金属の原子が圧縮されて強度を増す。また水平方向への伸張力も強まるし、溝つきねじを作るときのように金属に無駄が出ることもない」と、彼は満足げに説明している。

ロバートソンはこのねじを熱心に宣伝してまわり、パトロンを見つけ、オンタリオ州のミルトンという小さな町で借金その他の支援を受けてねじ工場を立ち上げた。彼は支援してくれる見込みのある投資家に訴えた。「大きな幸運は小さな発明に宿るのです。このねじは目下二〇世紀最高の小さな大発見であると、多くのかたが評価してくださっています」たしかに、この四角いソケットはまぎれもなく大きな進歩だった。特別に作ったねじ回しの四角い先がぴったり収まり――ロバートソンによれば、一〇〇〇分の一インチの狂いもなく――滑ることもなかった。家具職人や船大工といった職人はとくに、努力せずともねじ頭の中心にはまり込み、片手で扱える便利なねじを歓迎した。また産業界からも歓迎された。というのは、製造過程で壊れるケースが減り、かかる時間も減らすことができたからだ。フォード自動車の木製の車体をカナダで製造していたフィッシャー・ボディ社が、ロバートソンのねじを大量に注文するようになった。オンタリオ州ウィンザーにあったフォード社の新しいT型モデルの生産工場も同じで、すぐにロバートソンの会社が作るねじの三分の一を買うようになった。工場を立ち上げてから五年もたたないうちに、ロバートソンは針金製造工場と発電所を建て、工員の数は七五人になっていた。

一九一三年に、ロバートソンはビジネスをカナダ国外に広げることにした。父親がスコットランドからの移民だったので、まずは英国に向かった。独立した会社を英国に設立して、ドイツとロシア向けの製品を作ることにしたのだ。だが、彼の思惑は外れる。彼の事業が失敗したのは、資本が充分に集まらなかったことに加え、第一次世界大戦、ドイツの敗戦、ロシア革命などが次々に起こったためだ。なにより、二つの大陸でビジネスを行なおうというのが、容易なことではなかったのである。七年後、不満をつのらせた英国の投資家たちはロバートソンを社長の座から引きずり下ろし、会社の生き残りの道を模索したが、結局一九二六年に解散した。その間に、ロバートソンは米国に関心を向けるようになった。だが、ニューヨーク州バッファローにあった大手ねじ製造会社との交渉は、ロバートソンが生産に関する決定権を独占したがったために決裂した。ヘンリー・フォードも一枚かんできた。というのは、カナダのフォード工場がロバートソンのねじを使って、車一台につき二ドル六〇セントものコストダウンを成し遂げたというのが語り草になっていたからだ。しかし、頑固なロバートソンはフォードにもある程度の決定権を持たせることを拒否した。二人は顔を合わせたものの、交渉は行き詰まった。それが、ロバートソンが輸出を試みた最後だった。彼は独身を通し、彼のような人物には小さすぎる町、ミルトンで生涯暮らした。

## 十字の溝――フィリップスねじの誕生

その間、米国の自動車製造会社はフォードにならって、溝つきねじを使い続けた。とはいえ、ロバートソンのねじの成功が知れ渡らなかったわけではない。一九三六年のたった一年で、改良型ねじとねじ回しの特許が米国だけで二〇件以上も取られた。そのいくつかを取得したヘンリー・F・フィリップスは、オレゴン州ポートランドに住む四六歳のビジネスマンだった。ロバートソンと同じく、出張セールスに出かけることの多い人物である。彼はまた新発明された製品の宣伝にも手を染め、ポートランドのジョン・P・トンプソンからソケットつきねじの特許を譲り受けた。トンプソンが発明したねじのソケットは実用化するには深すぎたが、フィリップスはその特徴的な形――十字形――を改良して独自のデザインにした。ロバートソン同様、フィリップスもこのソケットが「同様の形をしたねじ回しにぴたりと符合するので、ねじ回しの刃が滑って溝から飛び出すことがない」と喧伝している。しかし、ロバートソンとは異なり、フィリップスは自分で会社を起こすことはなく、ねじ製造会社にこの特許の使用権を貸与しようと考えた。

大手のねじ製造会社はどこも、にべもなく断った。「これらの製造・販売によって充分な商業的成功は見込めない」というのが、大方の反応だった。フィリップスはあきらめなかった。その数年後、スローンが特許を持つ先端の尖ったねじを作って成功を収めた大手アメリカン・スクリュー社の新社長が、改良型ソケットつきねじを開発することに合意した。フィリップスの特許製造法では、このねじはとくに電化された機械作業に向いていると強調されていた。当時、電化された機械作業といえば、自動車の組み立て作業が主である。そこでアメリカン・スクリュー社はゼネラル・モーターズ社にはたらきかけて、新しいねじを試させた。最初に使われたのは一九三六年製造のキャデラックだ。その結果、効率の良さが立証されたので、その後二年間で一社を除くすべての自動車会社がソケットつきねじに切り替えた。そして一九三九年には、ほとんどのねじ製造会社が、現在フィリップスねじと呼ばれるねじを作るようになっていた。

フィリップスねじは、ロバートソンねじのもつ長所の多くをそなえていた（必要なら、旧来のタイプのねじ回しで締めることができた点は、ロバートソンねじにはなかった利点だ）。「フィリップスねじを使うことで、作業時間が三割から六割も削減できた」と満足げに記した、船やグライダーの製造業者もいる。また、庭園用家具の製造業者の意見はこうだ。「うちの職人は、これまでのねじよりも少なくとも七五パーセントは仕事がはかどったと言っている」フィリップスねじ――そして、今日《こんにち》お馴染みのプラスのねじ回し――がそこらじゅうで使われるようになった。第一次世界大戦のために、ロバートソンは挫折した。一方、第二次世界大戦によって、フィリップスねじは標準ねじとなり、戦時産業で広く使われた。一九六〇年代半ばにフィリップスの特許が失効したとき、特許の使用権をもっていた企業は米国で一六〇社、外国では八〇社に上っていた。

## 真の改革者は……？

フィリップスねじは国際的なソケットつきねじとなった。ロバートソンねじを使っていたのはカナダ国内の企業と、米国内に数えるほどしかいない建具師に限られていた。* ところで、いまから数年前のこと、《コンシューマー・リポーツ》誌がロバートソンねじとフィリップスねじの比較実験を行なった。「ロバートソンねじの頭部に合うコードレス・ドリルで何百ものねじを手作業で締めた結果、われわれは次のような結論に達した。溝つきねじ用のねじ回しやフィリップスねじ対応のねじ回しと比べて、ロバートソンねじを使った作業のほうが速く、ねじ回しがスリップすることも少ない」理由は簡単だ。フィリップスのねじはねじ回しと「ぴったりフ

＊　一九五〇年代以降、ロバートソンねじは米国の家具やトレーラーハウスの製造に使われるようになり、しだいに職人や日曜大工愛好者のあいだに広まっていった。ロバートソン社自体は一九六八年に米国の巨大コングロマリットに買収されている。

ィットする」デザインといいながら、実際には十字形のソケットは四角いソケットほど完璧にはフィットしないのである。ところが皮肉なことに、自動車会社がフィリップスねじを使うようになったのは、その不完全さのためなのだ。自動ねじ締め機は電力によってねじを締める力を増していき、ねじが完全に締まったところでソケットから飛び出す。そうすることで、締めすぎを防ぐ仕組みだ。つまり、ある程度スリップすることは最初から計算されているのである。しかし、製造工場には好都合なねじも、職人にはやっかいものだ。フィリップスねじはスリップや溝からの飛び出し、ソケットを壊すことで悪名高いからだ（とくに、ねじやねじ回しの出来が悪いときには）。

ここで告白しよう。私はロバートソンねじ支持者である。頭部の四角いねじ回しは、ソケットに見事に収まる。ロバートソンねじ回しを振っても、先についたねじが外れることはない。強力なドリルを使うと、ねじが限界まで締まってドリルが止まってしまうほどだ。そしてどれほど古くなっても、錆びついていても、上からペンキを塗っていても、ロバートソンねじはいつだって外すことができる。「二〇世紀最高の小さな大発見」？　まさにそのとおりだ。

# 第５章　一万分の一インチの精度

## ねじと旋盤と工業化

　スタフォードシャーにあったワイアット兄弟のねじ工場について読むうちに、ねじ製造機械を操作していたのが子供だったと知って驚いた。一八世紀には、炭坑、工房、工場などで子供が働くことは珍しくなかったが、たいていは単純な作業しか任《まか》されなかったものだ。「ねじ職人」の回転軸のような単純な機械でさえ、経験のある――力があることはもちろん――工員が必要だった。したがって、ワイアット兄弟の機械がそうでないことは明らかだ。私は知らないうちに、工業化が画期的な飛躍を遂げた一場面に行き当たっていたのだ。驚くほど早い時期に――産業革命が広く行き渡るまでにはあと一〇〇年かかる――ワイアット兄弟の工場は多目的機械を使った大量生産の先駆けとなっただけでなく、工業化の指導理念を導入した最初の工場となった。つまり、製品の品質管理を熟練職人から機械そのものにシフトすることを目的とした工業化プロセスの、もっとも早い例だったのである。

ねじの「職人」の回転軸とワイアット兄弟のねじ製造機は、どちらも単純な旋盤《せんばん》の例だ。旋盤に取りつけた金属片は、ちょうど陶工ろくろのように、一本の軸を中心に回転する。しかし、陶工が粘土を加えて積み上げていくのとは異なり、ねじ製造機の旋盤では材料が取り除かれていく。回っている金属片の表面に鋭い刃を当て、余分な部分を削り落とし、最終的にすべての部分が軸から等距離にあるようにするのだ。

旋盤は古くからある工具で、ヨーロッパで発明されたと考えられる。というのは、旋盤を使った最古の製品として、紀元前八世紀のエトルリアのボウルと、北部バイエルン地方の紀元前六世紀のボウルが見つかっているからだ。これらの木製品が旋盤を使って丸く形づくられたことは確かだが、旋盤そのものについては何も知られていない。その後この技術は、地中海世界にゆっくりと広まっていった。エジプトで描かれた最古の旋盤は紀元前三世紀のもので、墓の壁の浅浮彫りに残っている。回されているものは家具の脚らしく、垂直に支えられている。職人はのみを使って脚を刻んでいるようだ。助手が回転軸あるいは主軸に結びつけた紐を引っぱって回している。この方式だと、脚は交互に回転の方向を変えるので、のみを当てて刻むのは二回に一回、どちらか一方の向きの回転のときに限られることになる。

## 座って回すエジプト、立って回すローマ

この浅浮彫りでは、職人と助手は地面に膝をついて作業している。それを見て、インドを初めて訪れたときのことを思い出した。地面にしゃがんで作業中の大工を見かけたのだ。世界には衣服を巻きつける文化とボタン留めする文化があったり、指を使って食べる文化とフォークやナイフを使って食べる文化があるように、職人の世界も地面にひざまずいたりしゃがんだり座ったりして作業する文化と、作業台に向かって立って――あるいは座って――作業する文化とがある。古代エジプトは前者に分類され、古代ローマは後者だ。かんなが発明されたローマでは、材料を固定するための平らな表面が必要だったので、作業台が生まれたのである。

中世ヨーロッパの人々は、東洋風に床に置いたクッションにゆったりともたれることもあったが、作業は立って行なった。この習慣は、一三世紀にいわゆる棒旋盤

が発明されたことで定着したのだろう。棒旋盤は立って扱う。材料の回る向きは、垂直方向ではなく、水平方向だ。主軸に巻きつけた紐は、一端は蝶番で取りつけた足踏みペダルにつけられ、もう一端は曲げた釣り竿のような自在棒につけられて、ぴんと張られている。職人はペダルを踏んだり離したりし、刃につけた長い柄を腋の下に挟んだり肩に載せて固定して、自由になった両手で操った。エジプトの旋盤と同様、棒旋盤は右回りと左回りを交互にくりかえすものだった。

単純な棒旋盤は、長いあいだ木工用に使われ、英国では一九〇〇年代初めまで実際に使われていた。しかし、金属を旋盤にかけるには、もっと効率の良い機械が求められた。ここでも、ねじが重要な役割を果たす。なぜなら、現代の旋盤の元になったものは、ねじ切り用の機械だったからだ。

ワイアット兄弟のねじ用旋盤より三〇〇年近くも前に発明されたこの機械は、先にニューヨークのフリック・コレクションで調べた一五世紀の手書き写本、『中世の暮らし』にも登場する。美しい図版のタッチは、精密そのものだ。棒旋盤とはまったく異なり、がっしりした枠がついた旋盤は、頑丈な作業台にのせられている。金属片は調節可能な二本の支柱のあいだに水平に置かれ、クランクを手で回して回

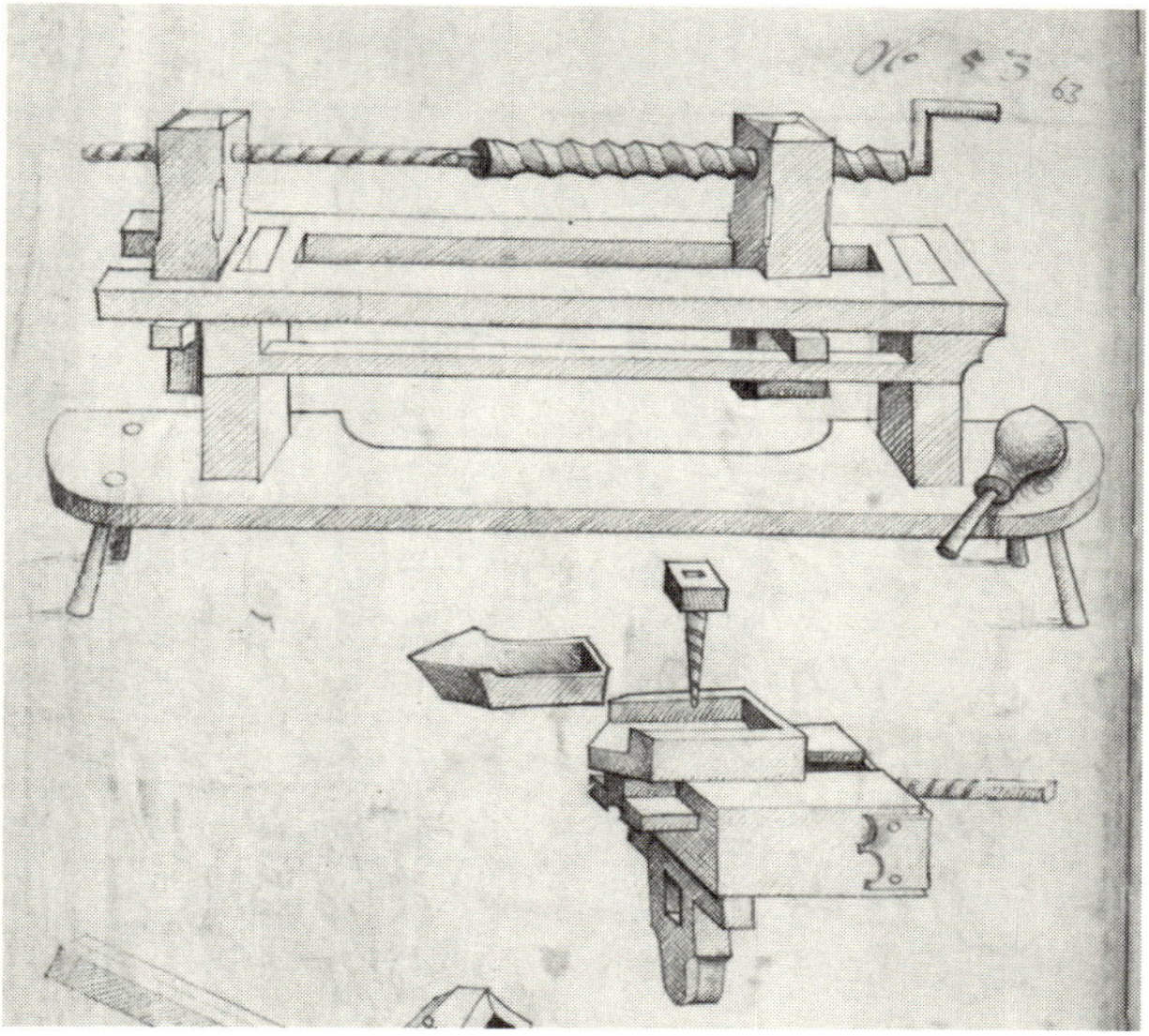

ねじ切り旋盤。ヴォルフェグ城の『中世の暮らし』から。1475-90年ごろ。

転させる。金属片が回ると、支柱の一本に開いている、ねじ山を切った穴を通って親ねじが進み、金属片を箱の中へと導く。この箱の中には鋭い刃が取りつけられていて、ねじ山を正確に切る。職人のすべきことはといえば、金属片を治具《じぐ》にセットして、ねじ山のある穴のあいた支柱とカッターボックスを取り付け、カッターの深さを調整して、クランクを回すことだけだ。

『中世の暮らし』の旋盤は木製だが、たしかに機械といっていい工具である。つまり、カッターを操作するのが職人ではなく、機械なのだ。そこには、現代の卓上旋盤の前触れとなる多くの特徴がある。二本の支柱（現在は主軸台と心押し台と呼ばれている）、カッターボックスと台の場所を変えることのできる枠（現在の工具送り台の祖先）、水車のように連続回転する動力源からベルト駆動で得られる動力、回転しながら金属片を徐々に進めていく親ねじ、旋盤を作業台に固定するという設計の妙、そして、堅固さとかなりの精度を約束するがっしりしたつくりなどだ。

### 心躍らせる発見

『中世の暮らし』の旋盤の図版と同じ頁に、拘束具やスパナ、溝つきねじの絵もある。溝つきねじは先細りの形をして、明らかに手仕事で作られたものだ。旋盤は、スパナの部品となる錬鉄製の長いねじをねじ切りするのに使われた。フリック・コレクションを訪れてから数週間がたっていたが、展示の図録はまだ手元にある。私は仕組みを理解しようと、旋盤の絵を詳しく調べた。尖ったカッターは鋼鉄製にちがいないが、ねじ山が切ってあり、切り口の深さを調節できるようになっている。硬い錬鉄にねじ山を切るには、何段階もの作業を必要としたことだろう。段階が進むごとに鉄を取り出し、カッターのねじを調整して、より深いねじ山を切る作業をくり返す。時間がかかるが、こうすればかなり精度の高いねじが完成する。

旋盤の絵では、短い柄のついた道具が作業台の上に置かれている。最初は、のみか丸のみの一種だろうと考えた。しかし、旋盤の詳しい機能がわかってくると、この作業にのみは必要ないこともはっきりした。『中世の暮らし』の挿絵は詳細に描かれているが、余計な情報はほとんど含まれていない。非常にうまくまとめられた内容はもっぱら技術的なもので、さまざまな機械がどのように機能するか、そしてそれらを扱うのに必要な道具について記されているのである。たとえば紡《つむ》ぎ車の絵には、何も巻かれていない糸巻がいくつか描かれている、といった具合だ。だとすれば、この謎の道具が果たすはずの役目とは、いったい何だろう？　そのことについて考えこんでしまった私だったが、ある日、道具の丸い先端部がカッターの頭部にある溝とまったく同じ大きさであることに気がついた。そうだとも！　この道具はのみではなく、カッターを調節するのに使われたのだ。つまり、ねじ回しだ。

ユーレカ！　やっと見つけたぞ。ねじ回しのご先祖様だ。あのコンビネーション工具のような間に合わせの道具もどきではなく、驚くほど洗練された道具じゃないか。洋梨型をした木の柄は握りやすく、つなぎ目には、鉄のはばき金らしきものが見える。『中世の暮らし』が書かれたのは一五世紀最後の二五年のいつからしいから、『百科全書』で紹介される三〇〇年前には、完成形のねじ回しが存在していたことになる。これにより、私の考えが裏づけられた。ねじ回しとねじは、だいたい同時期に発明されたのだ。一五世紀の甲冑と鉄砲鍛冶についての私の推測も、あながち間違いというわけではなかった。『中世の暮らし』の旋盤の絵は、戦争用のテクノロジーを扱った章に載せられているので、ねじ回しが最初に使われたのは兵器工房でのことかもしれない。とはいえ、その場所は私が考えたフランスではなく、ドイツだったらしいが。*

⁂

## 趣味としての旋盤いじり

なぜだか理由はわからないが、『中世の暮らし』の旋盤が秘めた可能性に、世の人々はすぐには気づかなかった。おそらく、無名の発明家は自分の旋盤を宣伝しなかったのだろう。私たちが知るかぎり、『中世の暮らし』の写本は一部しか存在しないし、中世の職人は仕事に関して秘密主義だった。それでも、少なくともレオナルド・ダ・ヴィンチはこの、旋盤という革新的な道具について知っていた

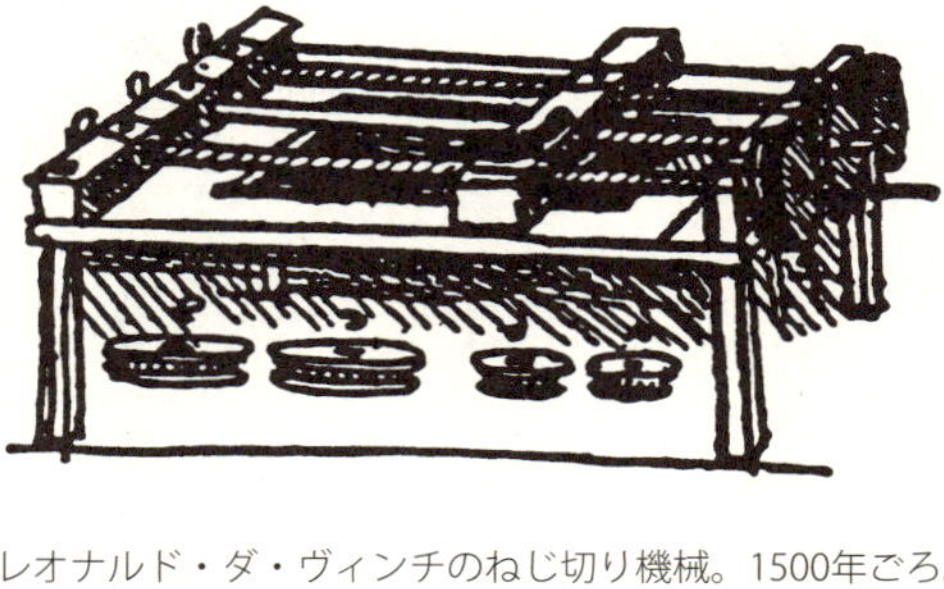

レオナルド・ダ・ヴィンチのねじ切り機械。1500年ごろ。

＊　古ドイツ語でねじ回しはschraubendreherといい、もともとはねじを旋盤で作る作業自体を指して使われたが、しだいにその道具そのものを指すようになった。

ようだ。というのは、一五〇〇年代初めに彼が描いたいくつものねじ用機械のひとつが、先に紹介した初期のものに驚くほどよく似ているからだ。むろん、ダ・ヴィンチらしく、改良が加えられてはいる。金属片をカッターに向けて進める代わりに、ダ・ヴィンチの機械ではカッターが回転する金属片に沿って進むようになっているところなど、現代の旋盤と同じだ。さらに、交換可能な歯車（スケッチでは四枚が描かれている）を使うことで、カッターが進むスピードを変えることができる。金属片が回転する速度は一定なので、カッターの速度が遅くなれば、ピッチ（ねじ山の間隔）が小さくなる。反対に、カッターの速度が速くなれば、ピッチは大きくなる。こうすれば、ひとつの機械でねじ山の間隔が異なる四種類のねじを作ることが可能だ。しかし、ダ・ヴィンチの発明の多くと同様、この画期的な機械が実際に組み立てられたかはさだかでない。

アゴスティーノ・ラメッリもフランスで仕事をしたが、ダ・ヴィンチに続いてフランス宮廷に技師として仕えたのはジャック・ベッソンという人物だった。彼もねじ切り旋盤をいくつか設計している。ベッソンの旋盤はじつに凝ったつくりのもので、クランクを回すのではなく、重りをつけた紐を引っ張ることで回転させた。そ

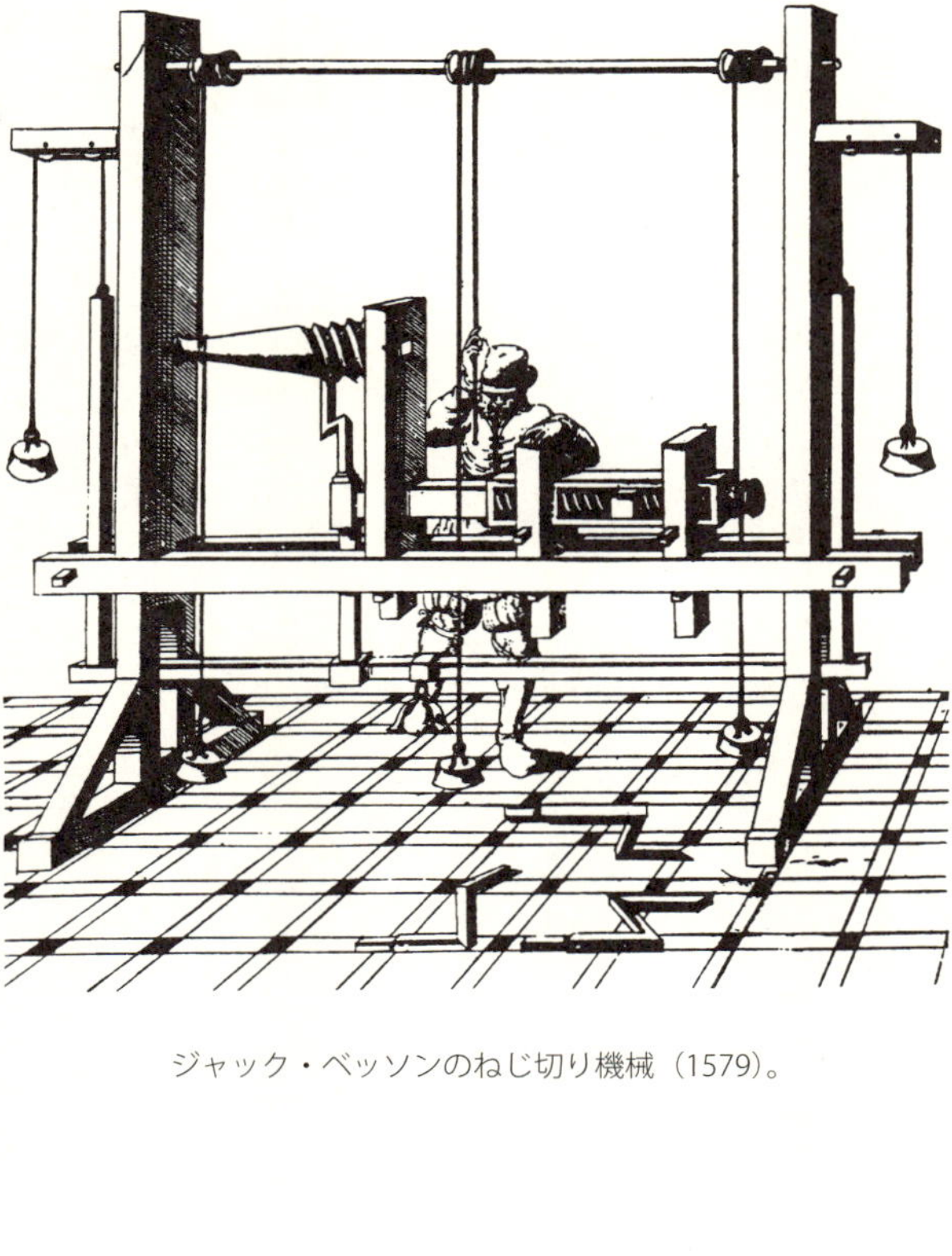

ジャック・ベッソンのねじ切り機械（1579）。

の結果、以前のように軸の回転方向が左右交互に変わるものとなったため、スリップや動力のロスも生じた。しかしベッソンは、効率の良さを最重要視したわけではなかった。産業用ではなく、趣味人向けの機械だったからだ。

紳士にとって旋盤を回すことは、婦人にとっての刺繡《ししゅう》のようなもので、一八世紀の終わりまで趣味として人気を保っていた。一七〇一年に出版された旋盤についての最初の技術書、『旋盤の技法』の著者シャルル・プリュミエ神父は次のように述べている。「この技術は、今日のヨーロッパで知的な人々が熱心に行なう趣味として確立されている。純然たる気晴らしと知的娯楽のあいだに位置するものとして、時間をもてあますことで生じる不都合を避けるための最高の暇つぶしと考え、真剣に取り組む人々もいる」趣味人たちは木だけでなく、角《つの》、銅、銀、金といったさまざまな材料を旋盤に載せて回した。そうした作業の産物はといえば、装飾的な意味合いしかもたないものだったが、彼らは機械を真剣に扱った。彼らが使った旋盤は、ペダルを踏んで動かす単純な仕掛けのものだったかと思えば、カムだけでなく飾りねじなどの装飾のついた複雑な機械だったりもした。いわゆる「ギロチン旋盤」とは、腕時計の蓋や大きなメダルといった平らな円盤に複雑に絡《から》みあったカーブを刻むことができる代物である。フランスのルイ一六世所有のギロチン旋盤には、マホガニー製の作業台と金メッキした鉄製の調節装置がつき、道具入れは金メッキした銅製で、ブルボン王家の紋章がはめ込まれていたそうだ。

## 精密さの追求

貴族は暇つぶしのために旋盤を回したが、それ以外の人々にとって、精密な旋盤作業は立派な目的のあるものだった。一七六二年、ロンドンで精密機器作製をなりわいとするジェシー・ラムスデンが、旋盤に革命的変化をもたらすことになるプロジェクトを始めた。一七三五年にヨークシャーで生まれたラムスデンは、もともとは織物職人になる修業をしていた。ところが二三歳のときに突然仕事をやめてロンドンへ移ると、科学機器を作るようになったのだ。その四年後、ラムスデンは自分の工房を開いた。そしてこの世界で名を挙げるべく、精密機器作製の障害となる目盛りつきものさしの問題を解決することにした。標準となる目盛りの刻まれた直定規は、六分儀や経緯儀など、天文観測用の器具を作る際のおおもとになるものだ。だがこの目盛りつきものさしは伝統的に手作りだったため、精密さを欠いていた。

ラムスデンは、このものさしに精密な目盛りを刻むことのできる目盛り機を設計したのである。

ラムスデンの機械には、細いねじ山が精緻《せいち》に切られた長い基準ねじがついている。基準ねじは普通のねじを改良したもので、トラッキングピンやナットのはたらきを通じて、回転運動を水平運動に変えることができる。高い精度を保つために、このねじのねじ山が満たすべき条件はじつに厳しいものだった。ピッチが均等であること。芯が常に平行で同心円状であること。調節ナットとの摩擦が最小かつ一定であること。つまり、完璧なねじでなければならないのだ。

これほどの精度をもつねじは手に入らなか

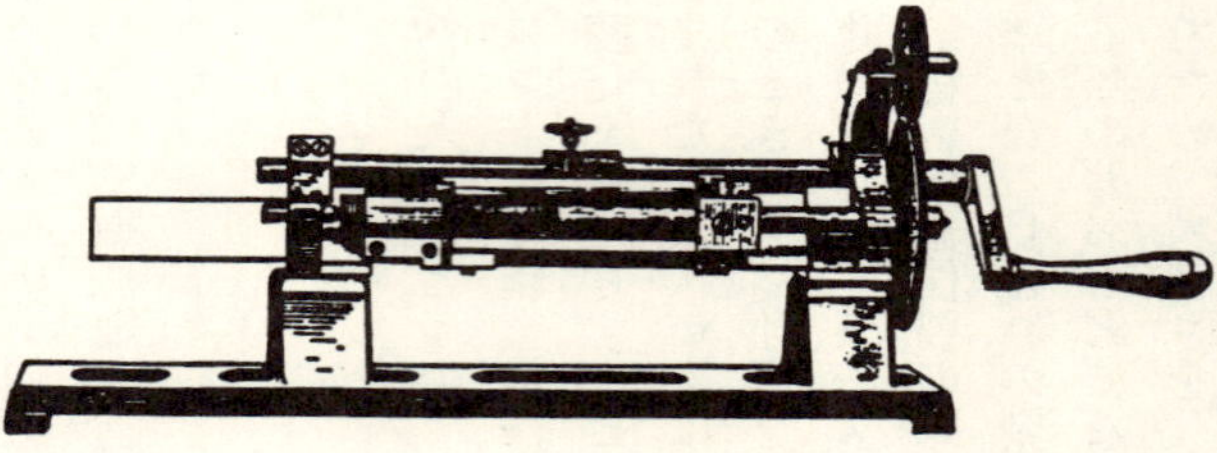

ジェシー・ラムスデンの精密なねじ切り旋盤（1777）。

ったので、ラムスデンは自分で作ることにした。とはいえ、簡単なことではない。旋盤と不完全な親ねじとで、どうやったら完璧なねじを作ることができるのだろう。彼は粘り強くねじを作り続け、精度を高めていった。その過程で、旋盤に重要な改良を加えた。ほとんどの器具職人が木製の棒旋盤を使うなかで、ラムスデンは総鉄製の卓上旋盤をつくりあげたのだ。精度を高めるために三角形の縦材を発明したうえ、カッターの先端にダイヤモンドをつけたのも、彼が最初だった。そうした改良の結果、とうとう四〇〇〇分の一インチという精度を誇るねじを作ることに成功した。結局、目盛り機を作るまでに一一年も費やしたことになる。

ラムスデンが成し遂げたことの影響は計り知れない。高精度の基準ねじがさまざまな精密機器で用いられるようになり、天文学だけでなく、精密をきわめた基準ねじつきの顕微鏡なしではすまなくなった自然科学の分野でも導入され、科学の新時代を画することになった。新たに開化する分野も、続々と現われた。ラムスデンの仕事がもっとも強く影響したのは、航海機器のひとつ、六分儀である。六分儀には六〇度回転する（円の六分の一であることから、ラテン語の sextus という言葉が生まれた）アーチ型をした目盛りつきものさしと放射状のアーム、そして固定された望遠鏡がついている。航海士が六分儀で緯度を測るときには、望遠鏡の照準を水平線に合わせて、アームの一本に取りつけた鏡の角度を調節し、反射した太陽の光が目に入るようにする。そのとき目盛りつきものさしで読み取った鏡と望遠鏡の角度が、太陽と水平線の角度である。得られたこの数字と市販の海図から、正しい緯度を計算する仕組みだ。ラムスデンの目盛り機のおかげで、船の位置を緯度一〇秒、つまり三〇〇メートルの誤差という正確さで割りだせるようになった。こうした超精密な機械の登場によって、航海が以前よりも容易になり、キャプテン・クックの発見と探検の旅という偉業が達成されることになるのである。

⁂

## マエストロ、モーズレー登場

ラムスデンがロンドンでねじ切り旋盤の開発に取り組んでいたのは、ワイアット兄弟がスタフォードシャーにねじ工場を立ち上げようとしていたのとちょうど同じころだった。精密機器製作者が作った正確無比な機械と工場で使われる粗雑な旋盤の、どちらもが基準ねじを用いていたが、それぞれが存在する世界はまったく異なっていた。だが、ヘンリー・モーズレーという天才的な発明家のおかげで、二つの世界は遠からずひとつに融合することになる。

一七七一年に貧しい家に生まれたモーズレーは、ロンドン郊外のウリッジにあった兵器工廠《こうしょう》で鍛冶職人の見習いをしていた。金属細工師としての彼の並外れた能力に注目したのが、卓越した工場主で発明家でもあったジョゼフ・ブラマーである。ブラマーは自分の最新の発明品、絶対に破られることのない金庫の錠前の試作品を作らせる職人を探していたのだ。タンブラーがいくつもついた錠前はあまりにも複雑で、ブラマーが雇っている熟練工ですら匙《さじ》を投げたほどだった。しかし、弱冠一八歳のモーズレーは、この試作品を見事に完成させただけでなく、商業ベースの生産に必要な工具や機械まで設計して作ってしまった。*

このぶっきらぼうで若い鍛冶職人は、機械仕掛けのマエストロだった。チェスや

＊　ブラマーの工房のウィンドーに飾られた錠前の原型は、その後五〇年以上も破られないままだった。ようやく米国人の錠前師が成功したが、それに一六日を要した。

バイオリン演奏を得意とする人がいるように、モーズレーは周囲が驚くほどあざやかな手際で、精密に金属を成形することができたうえ、機械にかかわる問題の解決策を直感で見つけることもできた。たとえば、ブラマーのために旋盤を作ったとき、彼は「工具送り台」というものを発明している。これはいわば、可動式の工具ホルダーを支えるための完璧にまっすぐな棒であった。似たような装置はダ・ヴィンチも考案しているが、実際に取りつけられたことはない。じつはこの工具送り台というもの、その真の重要性が往々にして見過ごされがちなものなのである。それまでの旋盤では、カッター

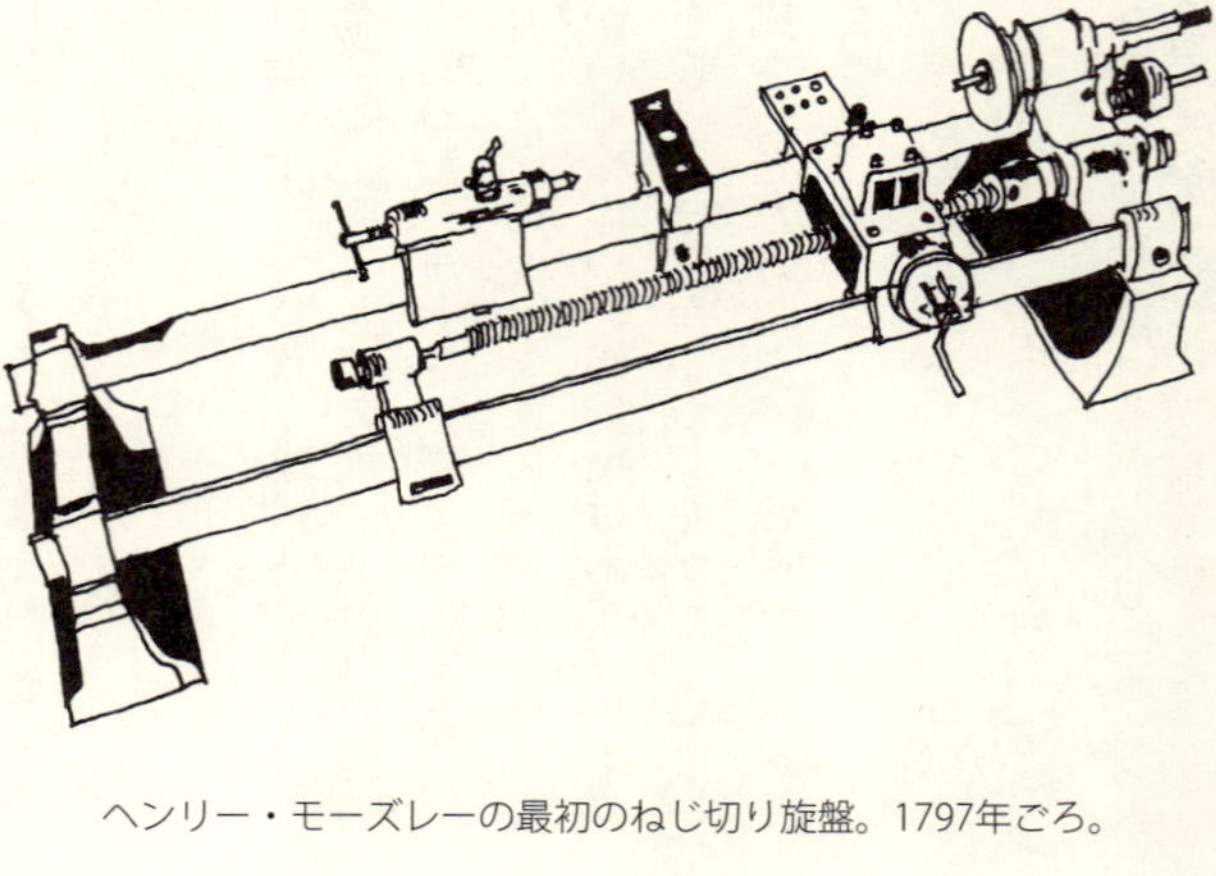

ヘンリー・モーズレーの最初のねじ切り旋盤。1797年ごろ。

は手で動かさなければならなかった。工具送り台によって、カッターが滑らかに、そして回転する金属片に沿って精確に動くようになったのだ。最初、この装置は物笑いの種《たね》にされ、「モーズレーのゴーカート」などと呼ばれたが、その有用性が実証されるや、あっという間に模倣されるようになった（モーズレーが自分の発明で特許を取ることはめったになかった）。

ブラマーに雇われて八年たち、職工主任の地位に上り詰めたモーズレーは独立し、頭角を現わしはじめた。顧客からの注文をさばきながら——最初の仕事は、画家が使う金属製のイーゼルだった——精密旋盤にあれこれ工夫を施していった。最初の一大飛躍となったのは、一七九七年に作った旋盤で、長いねじ山を切るために一メートルの基準ねじがついていた。のちになって作ったものは、またもやダ・ヴィンチの設計を後追いするかのように、交換可能な歯車によってさまざまな直径とピッチのねじを作れる仕組みになっている。

店のウィンドーに飾った精密な基準ねじが縁となって、モーズレーは非凡なるフランス人、マルク・イザンバール・ブリュネルと出合うことになった。ブルボン王朝擁護派だったためにフランス革命を逃れて米国へ渡り、ニューヨークで技師や建築家として働いたのち、ロンドンに移ってきた人物である。多産な発明家であり元海軍士官でもあるブリュネルは、英国海軍向けに木造船用の滑車を製造する計画を立てていた。そして自分の考える生産プロセスがいかに効率的であるかを示すため、試作品の機械を作らせる職人を探しているところだったのである。モーズレーの助けを得て、ブリュネルは首尾よく生産を受注することができた。モーズレーが作った四四台の機械を並べた工場をポーツマスに建てるまでに六年かかったが、この工場は世界初の完全に機械化された生産ラインとなった。一〇人の工員が年間一六万個の滑車を生産した。これだけあれば、海軍で一年に使われる滑車をすべてまかなえる。

モーズレーとブリュネルは、もうひとつのビジネスでも手を組んだ。一八二五年、ブリュネルはテームズ河の下を通る全長三六五メートルのトンネル建設工事を受注する。それまでのトンネルには一時的な支柱として木材が使われていたが、ブリュネルが発明した矩形《くけい》の鋳鉄《ちゅうてつ》製シールドは延長可能で防水性があり、掘削作業の進行に合わせて前方に伸ばすことができた。このシールドを、モーズレーが実際に製造したのである。彼の工房では他にも印刷やプレス、貨幣鋳造などに使うさまざまな特殊機械を作っていた。彼の発明になる、ボイラー板に穴を開ける機械（旧来は手作業で行なわれた）によって、鋲打ち作業のスピードが大幅に上がった。モーズレーの製品でもっとも有名なものは初期の船舶用蒸気機関で、生涯で少なくとも四〇隻の船に取りつけている。マルク・ブリュネルの息子で同じく技師のイザンバード・キングダム・ブリュネルが大西洋横断用の最初の蒸気船グレート・ウェスタン号を造った際には、搭載する世界最大、七五〇馬力の蒸気機関を造ったのは、モーズレーの会社だった。会社は、このときにはモーズレーの息子に引き継がれていた。

## すべての精密機器の母

モーズレーの工房が成功を納めた鍵は、精密旋盤にある。『中世の暮らし』の旋盤には、プロトタイプ版工具送り台ともいうべきものがつけられていた。ダ・ヴィンチは可動式カッターと交換可能なギヤを考え出した。プリュミエはその著書で、金属製の旋盤を紹介した。一八世紀には、旋盤の改良が相次いだ。一七一〇年に、スウェーデン人が鉄ねじを精確に切る旋盤を作った。その五〇年後、フランス人が横送り装置をそなえた産業用旋盤を完成させた。一七九六年ごろには、ロードアイランド州の機械工がねじ切り用に改良した旋盤を作った。そしてもちろん、ラムスデンは精密なねじ切りを可能にする見事な旋盤を作った。それでも、こうしたすべての利点をひとつの旋盤に凝縮させて、作業の規模が大きくなっても精度の高い仕事ができる旋盤を作り上げたのはモーズレーの功績なのである。モーズレーの生み出したものは、産業化の時代の母となる工具だったのだ。

モーズレーの旋盤の心臓部は、きわめて精度の高い基準ねじだ。錫《すず》や真鍮といった軟《やわ》らかな金属にあらゆるピッチでねじ山を切ることのできる機械を作ってから、それらの親ねじを使って硬鋼で基準ねじを作った。「モーズレーは、これら見事で真に独創的な装置を基礎として、数多くの完璧なねじを作ろうと考えた。そして実際にそれらの完璧なねじが、作り手がだれかはともかくとして、高度な機械を製造する世界中の工房で使われ、さらなる精密機器を生むにいたった」と、ある同時代の技術者が書き残している。大切なことは、精密な機械部品の与えた衝撃の大きさを理解することだ。単に機械が手仕事にとって代わる、という問題ではないのである。たとえば蒸気機関は、手作業では生み出し得なかった――シリンダーやピストン棒を作るためには、過去にないレベルの完璧さが必要だった。精密さが求められることで、機械の世界はまったく新しい次元に足を踏み出したのである。

日曜日には、モーズレーはしんと静まり返った工房を回って進行中の仕事を点検するのが常だった。そして手にしたチョークで、職人の作業台にコメントを書き留めておく。彼がとくに賞賛し、またとがめたのは、機械の精度――あるいは精度のなさ――だった。理想的な精度の追求こそ、おそらくモーズレーの最高の発明だろう。彼が作った基準ねじは、長さ五フィート（一・五メートル）で直径二インチ（五センチ）の精密機器を作るのに使われたもので、一インチ（二・五四センチ）につき五〇本のねじ山が切られた。モーズレーが長さ一六インチ（四〇センチ）のねじを使って作ったマイクロメーターでは、一万分の一インチまで測定することができた。このマイクロメーターはモーズレーの工房で寸法を測るための至高の基準とされ、「大法官」と呼ばれていたそうである。職人一人ひとりが完璧に平らな鋼板をもたされ、作業中の金属を定期的にそれに載せて、精度を測った。ある助手によれば、これらの鋼板は手作業で研磨されていたが、あまりに平滑なので、「二枚を重ねると、あいだに薄い空気の層ができて、その層が時間と圧力によって押し出されるまで二枚はくっつかない。いったんぴたりと重なってしまえば、横にずらさないかぎりはがせない」

モーズレーはねじを標準化したことでも抜きん出ていた。驚いたことに、これは画期的な発想だったのだ。それまでは、ナットとボルトは一組ごとに符合するように作られていた。職人のひとりはこう記している。「何組ものナットとボルトが混じってしまうと、正しいペアを探すのに途方もない苦労をすることになるうえ、非効率で混乱のもとだ。複雑な機械の部品を取り外して修理するときには、なおさらだ」モーズレーは工房で使うタップとダイスの規格を定め、決まった種類のナットとボルトしか使わないことにした。その結果、どのナットでも同じ大きさのボルトにねじ込むことができるようになった。徒弟のジョゼフ・ウィットワースはここからヒントを得て、一八四一年にねじ山の大きさに国内統一規格を導入することを提案し、それはのちに、英国の製造業界全体が採用するところとなる。*

ウィットワースは英国の偉大な機械発明家として、モーズレーの後に続く人材である。しかしモーズレーとは異なり、彼は特殊な工作機械であっても、注文があれば作っていた。彼の工房で作られた工作機械は、世界中にその名が知れわたっていた。というのも、用途が広く、信頼できて、値段も抑えられていたからだ。ついでながら、それらは実に美しかった。世界で最初の精密なねじを作るにはモーズレーのような天才的な職人が必要だった。だがウィットワースがマンチェスターに開いた工房で作られた機械のおかげで、特にひいでた人間の技術がなくとも、良質の機械をそなえた工房ならどこも、同様の精度を保つことができるようになったのである。モーズレーが自らに課した高い基準が、世界中で用いられるようになったのだ。

モーズレーは一八三一年に死に、自分でデザインした鋳鉄製の墓に葬られた。墓碑にはこう刻まれている。「数学的な精度と造形美を生み出した、エンジニアとして卓越した存在であった」たしかにそのとおりだが、昔からともに仕事をしてきた職人のひとりの言葉は、さらに感動的だ。「彼はどんな工具を使っていても、見る者に喜びを与えてくれました。とりわけ、長さ一八インチのやすりを扱っているところは、たいした眺めでした」

＊　ウィットワース規格が国際的に使われることはなかった。米国では競合するねじ業界がわずかに異なる規格を設け、メートル法を使うヨーロッパ大陸でも、独自の規格が導入されたからである。

# 第6章　機械屋の性《さが》

## 機械に憑かれた人々

モーズレーにはいわゆる機械屋の性があった。彼が鍛えた職人もそうだった。もっとも有名なのはウィットワースだが、彼一人だけではない。ジョゼフ・クレメントはチャールズ・バベッジから注文を受けて、現代のコンピュータの先駆けとなる、かの有名な計算機械である「差分機関」を製作した。リチャード・ロバーツが作った金属用平削盤の精度はきわめて高く、鉄製のビリヤード台が作れたほどだ。そしてモーズレーの助手をしていたジェームズ・ネイスミスは、蒸気で動かすハンマーと杭打ち機といったものまで作り出した。親方と同様、こうした職人のほとんどは質素な家庭の出身だった。ウィットワースは教師の息子で、クレメントの父親は織工、ロバーツの父親は靴職人だった。さらに、彼らは都市ではなく田舎の小さな村か町で育ち、工学技術との接触などまったくなかった。だれもが、回り道をした末に機械を作るようになったことになる。モーズレー自身、最初は大工の見習いをしていた。ロバーツは石切り工、クレメントはスレート工の助手だった。こうした、必ずしもその後の活躍とは結びつかない出自《しゅつじ》にもかかわらず、彼らはみな機械の世界に引き寄せられていったのだ。

## ジェームズ・ネイスミスと「機械への愛」

「初めて蒸気機関を作ろうとしたとき、私は一五歳だった」とネイスミスは伝記作家に語っている。「それから、実際に動く蒸気機関を作った。直径一と四分の三インチのシリンダーと八インチのストロークで、動くだけでなく少しは仕事もしてくれたよ。親父が使う油絵の具をすりつぶしたりするくらいのね」ネイスミスが育った環境は、他の職人とは異なっていた。大都市エジンバラの裕福な家庭に生まれ、父親はスコットランド出身の風景画家として有名なアレグザンダー・ネイスミスである。ジェームズはエジンバラの高校と美術学校、大学で学んだ。自由な時間には蒸気機関を使った実験をしたり、自宅で鋳物づくりをしたり、機械部品を売る商店に出入りしたりした。そのころ地方政府では公共交通機関として蒸気自動車を導入すべきかの議論がなされていたので、ネイスミスは八人乗りの自動車を作って、地元で少しばかり知られるようになった。ジョージ・スティーブンソンが最初の蒸気機関車を作ってから二〇年以上も経《た》ったころの話とはいえ、二〇歳にもならない若者がそんなものを独学で作り上げたとは、たいした業績だった。機械技師として身を立てようと決めたネイスミスは、名高いヘンリー・モーズレーの下で修業しようと考えた。そしてロンドンの偉大なモーズレーのもとへ出かけ、実際に作動する自作の蒸気機関を見せた。もう弟子をとっていなかったモーズレーだったが、ネイスミスの見事な機械を二〇分もかけて検分すると、ネイスミスを自分の助手に採用した。

モーズレーがネイスミスに認めたのは、どの職人にも見られる性向、つまり生まれながらの機械への愛、金属を巧みに扱う素質、そして何よりも、精度を追求する心だった。精度こそは、絶対の基準なのだ。たとえばモーズレーが作った基準ねじは、当時の産業界が求める水準よりもはるかに高い精度をもっていた。ウィットワースが作ったマイクロメーターは、一インチの一〇〇万分の一という精度を誇っていたほどである。人は彼らのことを技師と呼ぶが、それは適切な呼び名ではない。第一に、彼らが仕事をしていた世界では、熟練した技術のみならず、発明の才も必要だった。たんに伝統的な手法に代わるものをデザインするだけでなく、それまでは想像もつかなかったような精度を可能にする工具を発明していたのだ。さらに、彼らはおそろしく熟練した職人だった。たしかに、技師が自分で考案した機械を実際に製作することこそ、肝心要《かんじんかなめ》の部分だったのである。マルク・ブリュネルは次のように記している。「発明することと、その発明を現実のものとして作りあげることとは別問題だ」

## 技術者か？　芸術家か？

鉄と性《しょう》が合うというのは才能であり、音楽家が絶対音感を持つのと同じことだ。これまで紹介してきた技師たちは芸術家としての矜持《きょうじ》を持っていた。クレメントは一度、大型の基準ねじを「可能なかぎり最高の方法で」製作してほしい、という注文を受けたことがある。彼は並ぶもののないほど高精度のねじを製作し、代金として数百ポンドを請求した。せいぜい二〇ポンドと見積もっていた米国の依頼主はシヨックを受けてしまった（この件は裁判になり、依頼主が負けた）。こうした事件はほかにもある。グレート・ウェスタン鉄道の建設を請け負ったイザンバール・キングダム・ブリュネルは、鋭い音を出す汽笛をクレメントに注文した。試作品を気に入ったブリュネルは一〇〇個を発注した。そしてやはり請求書を見てびっくり仰天し、それまでの業者に支払った代金の六倍はすると抗議した。すると、クレメントはこう応じた。「そうかもしれない。だが、私の汽笛の品質の高さは、六倍以上はある。最高の汽笛を注文したんだから、その代金を払うのに不満はないはずだろう」この一件でも、彼は勝訴した。

天才技師は、天才芸術家ほど世の中から理解されないし、よく知られてもいないが、両者が相似形をなす存在であることに間違いはない。フランスにおける蒸気機関のパイオニアだったE・M・バタイユはこう述べている。「発明とは、科学者の詩作ではないだろうか。あらゆる偉大な発見には詩的な思考の痕跡が認められる。詩人でなければ、なにかを作り出すことなどできないからだ」たとえば、セザンヌが存在しなくても誰か別の画家が同じようなスタイルの絵を描いただろうと言われても、多くの人は納得しないだろう。その一方で、新しいテクノロジーは登場すべくして登場したのだ、それは必然の結果だったのだと言われれば、たしかにそうだと納得してしまう。だが、この一〇〇〇年で最高の工具を探し求めるうちにわかってきたのは、それは違う、ということだ。

工具によっては、特定の問題を解決するために発達したものもある。古代ローマの枠のついた大のこや、ソケットつきハンマーがその例だ。こうした工具が遅かれ早かれ登場したことに疑いの余地はない。だが、突然「謎のうちに」登場した、曲がり柄錐や中世の卓上旋盤には、「必要があったから」という論法はあてはまらない。こうした工具は個人の創造性豊かな発想の産物なのだ。機械の複雑な関係を直感的に理解する、才気ほとばしる発明家の心は、たしかに詩的である。

＊＊＊

## ねじの原理を遡《さかのぼ》る

ねじ回しはといえば、詩的とは言いがたい。火縄銃兵が使ったスパナや武具師のペンチが進化してねじ回しを取り入れるようになったのか、あるいは曲がり柄錐の先をねじ回しにしたのか、いずれにしても「発明」というよりは、あくまでも実用性を追求した結果の進化である、といったほうがいいくらいのものだ。しかし、ねじとなれば、話はまったく別だ。

まさか鉄砲鍛冶や武具師――村の鍛冶屋は言うに及ばず――があるとき突然ひらめいてねじを作ったとはとても考えられない。そもそも問題なのは、ねじのあの、とりわけ複雑な三次元の形である。いわゆる「螺旋《らせん》」であるが、これは間違ってスパイラル状と呼ばれることが多いが、実際には、スパイラルは固定された一点を中心に半径を広げながら描くカーブである。時計のゼンマイはスパイラルであり、帆船のデッキにきちんと巻いて置かれたロープもそうだ。それに対して螺旋《ヘリックス》は、円柱のまわりを一定の角度に傾いて巡る三次元のカーブなのだ。いわゆる螺旋階段やノートを綴《と》じているバインディングは、どちらもヘリックスである。そしてもちろん、ねじもヘリックスだ。

自然界では、ぶどうの蔓《つる》やある種の貝にヘリックスが見られる。* しかしねじを発明するには、特別な才能がいくつも必要になるのだ。まず、ヘリックスの幾何学的構造を説明するには、すぐれた数学的思考が必要である。次に、その人物――あるいは別の人物を用意してもいいが——は数学理論と実際の力学とを組み合わせて、日常ではお目にかからない物体の利用法を想像しなければならない。最後に、実際にねじを作る技術を持っている必要がある。

『中世の暮らし』に描かれた旋盤を作った人物がだれであれ、ねじを作る上での問題を解決はしたが、ねじそのものを発明したのではない。じつは、ねじの原理は一五世紀以前に理解されていたのである。オックスフォード英語辞典によれば、ねじという言葉の最初の用例は一四〇四年のものだ。ある勘定書に、次のように記された例がある。「商品一。ねじ二個つきラビットストーク」ラビットストークとは、ラビットと呼ばれた複雑な溝を作るためのかんなだそうだ。二つの木ねじはこの道具の一部で、調節可能な枠を留めるためのものである。小さな木ねじはそのほかにも、作業用の万力やさまざまなやっとこを作るのに使われ、大砲の角度を調節するためには大きな木ねじが使われた。

＊　ラテン語でねじを意味するcochleaは、ギリシア語の「かたつむり」、あるいは「かたつむりの殻」に由来する。ぶどうの蔓を意味するラテン語vitisがフランス語でねじを表すvisとなり、英語のvise（万力）になった。

中世では、ねじは印刷機にもっとも広く使われていた。ヨハネス・グーテンベルクは一四〇〇年代半ばに、活版印刷術の発明で重要な役割を果たしたが、残念なことに彼が作った印刷機がどんなものだったのか、今ではわかっていない。史料に残る最古の印刷機は、それから五〇年ほどのちのものなのだ。がっしりした木枠に横木が渡してあり、それに大きなねじがはめ込まれている。ねじを「てこ棒」、すなわちレバーで回して板を押し下げ、インクをつけた活字に紙を押しつける仕掛けだ。

## ねじと圧搾機《あっさくき》の親密な関係

中世の印刷機はおそらく、紙梳《かみす》き機に使われていた同様の圧搾機が改良されたものだろう。二枚の板のあいだに濡れた紙とフェルトを交互に何重にも重ねて圧力をかけ、水分をとばした。しかし、中世には圧搾機をさまざまな用途に使ったので、他のバージョンもあったかもしれない。どの大所帯にもあったリネン圧搾機は、織りたてのリネンにむらのない光沢を与えるために使われた。オリーブやぶどうの実の圧搾機でオリーブオイルやワインを、りんご圧搾機を使ってりんごジュースを作った。種圧搾機では菜種《なたね》や亜麻《あま》の油を絞った。これらの圧搾機には、下方向の圧力

作業中の印刷工。フランクフルト・アム・マイン（1568）。

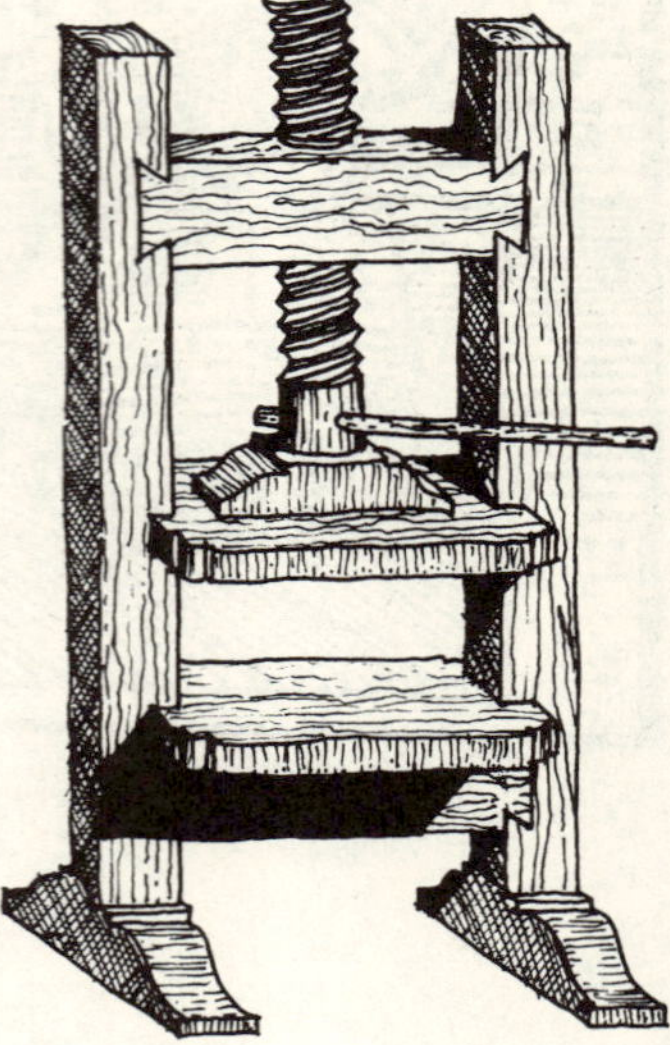

中世の紙梳き機。

を加えるために、直立したかたちでねじが取りつけられていた。

印刷機や紙梳き機は中世の道具だが、リネン圧搾機は古代ローマ時代から使われていた。がっしりした木枠とねじがひとつならぬ二つもついたリネン圧搾機が、ポンペイから出土したフレスコ画に描かれている。オリーブオイルとワインの圧搾機も、ローマ以来使われてきた。紀元前一世紀に生きた古代ローマの建築家マルクス・ウィトルウィウス・ポリオは、著書『建築十書』の中でオリーブオイル圧搾機についてて触れている。農家の内部設計について触れたくだりに、オリーブの実を絞ってオリーブオイルを作る「圧搾室」の説明があるのだ。圧搾室の広さは、昔ながらの梁《はり》を使った圧搾機を置くために少なくとも一辺一二メートルは必要だが、「ねじ」を使った圧搾機があるなら、それほど広い部屋は必要ないとしている。

ねじ圧搾機の発明は、紀元六六年に出版された大プリニウスによる『博物誌』で詳しく描写されている。そこでは、アレクサンドリアのヘロンが発明したことになっている。ヘロンは数学者だったが（三角形の面積を求める公式を発見した）、古代の大方の数学者と同様、機械の構造にも関心を寄せていた。プリニウスによれば、ヘロンはそれまで使われていた梁による圧搾機を改良する実験を行なったという。

梁圧搾機には長い木の梁（プレルム）がついていて、その先を壁に開けた穴に差し込む。梁を持ち上げ、水にひたして柔らかくしたオリーブの実を入れた袋を、その下に置く。ちょうど巨大なクルミ割り機の下にクルミを置くようなものだ。それから、梁に巻きつけたロープを使って梁を下げる。邪魔なロープをなくすために、ヘロンは両端がそれぞれ床と天井に固定された、巨大な木のねじを木の梁に差し込んだ。ナットを回すと、梁が下がるわけである。この仕掛けはうまくいったが、ナットがねじ山を噛んで動かなくなるのに気づいたヘロンは、別の方法をとった。ねじの下に大きな石をつけた

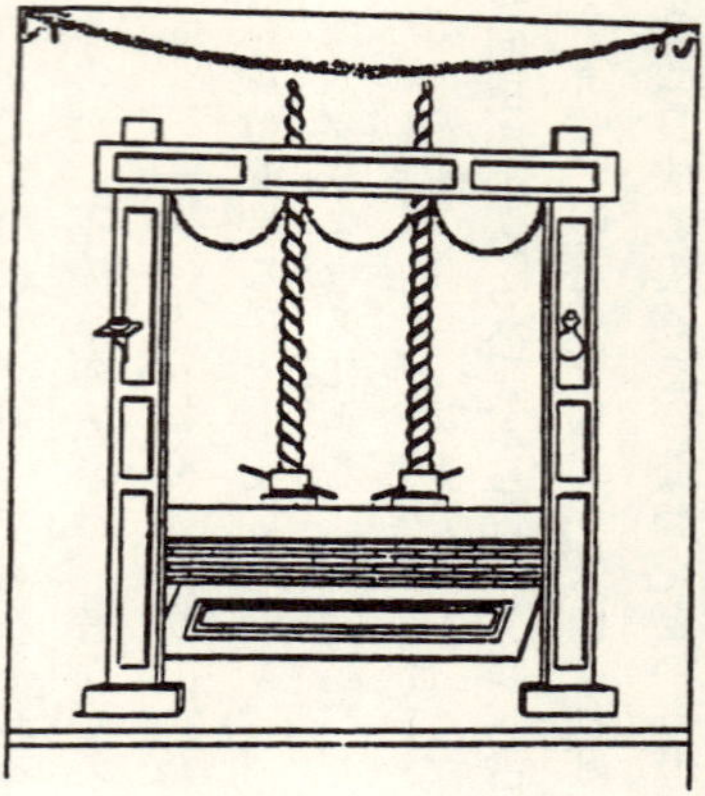

ローマ時代のリネン圧搾機。
ポンペイ出土の壁画より。

のだ。こうすれば、ねじが回るたびに石が持ち上がり、その重さで梁が下がる。「石が持ち上がると、何度も押し下げてやらなくてもプレルムが自然に仕事をしてくれる」とヘロンは記している。

プリニウスは、重い梁を使った圧搾機は「きわめて優れている」と評価している。それでも、梁を下げるために重りを上げる手順は簡潔とはいいがたく、ヘロンは満足しなかった。そして重りを上げるのではなく、下げるためにねじを使うことはできないだろうか、プレルムを使うのをやめてしまってはどうだろうか、と考えた。同時に、かくしてヘロンはねじ式圧搾機を発明し、これをもとに印刷機が生まれた。実際に、この圧搾機はのちの時代の印刷機とほとんど区別がつかないほどだ。以下、ヘロンの詳細かつ明快な記述をお読みいただこう。「テーブルに支柱を二本立てて、横木を固定する……。ねじ穴は横木の中央に開ける。ねじをこの穴に通し、てこ棒を使ってガレアグラ（実を入れた箱）の蓋に届くまで回す。さらに回して、果汁が流れ出すまで蓋を押し下げる」*

＊　オリーブの実もぶどうの実も同じ方法で絞られた。

ねじ式の圧搾機という発明の素晴らしさは、単純かつ小型なだけでなく、多大な圧力をかけることが可能になったことにある。下向きの力の大きさは、ねじの幅とてこ棒の端が描く円周の比率によって決まった。たとえば、ヘロンが記した種類の圧搾機であれば、二・五四センチ幅のねじを九〇センチのてこ棒で回すことになる。てこ棒にかかる力が一八キロとすると、オリーブの実に加えられる力は実に四〇〇〇キロ以上にもなる。一人の人間が——役畜や水力なしで——これほどの力をもつのは、史上初めてのことだった。

⁂

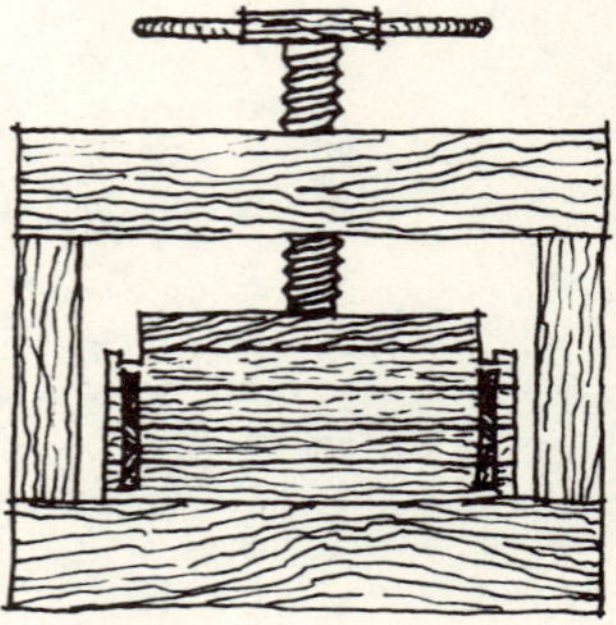

ヘロンによるねじ式圧搾機。

アレクサンドリアのヘロン

ヘロンはさまざまな機械を発明したが、その際に好んで使った、当時広く用いられた装置がある。古代ギリシアで「無限ねじ」と呼ばれ、今日《こんにち》ではウォーム歯車《ギヤ》（芋虫歯車）と呼ばれているこの装置は、長いねじと歯車を組み合わせたものだ。ねじを一回転させるたびに、歯車がほんの少し進むが、ねじのピッチと歯車の歯の数によって、歯車の進み具合が違ってくる。ヘロンが作った測距離車、あるいは「測道路車」と呼ぶべきものには、この無限ねじがいくつか使われているのである。荷車に一列に並べて取りつけた無限ねじが車軸から与えられる動力を受けて進み、あらかじめ決められた一定の時間を置いて、箱の中に小石を落とす。その小石の数を数えれば、荷車の進んだ距離を計算できる仕組みだ。ヘロンには「ディオプトラ」なる、経緯儀の原型のような装置の発明もある。ディオプトラを三脚か台にのせ、二つのウォーム歯車を基準ねじのように使って装置を調節し、観測対象の水平角と鉛直角を測るのである。

古代のウォーム歯車に使われたねじは、たいていは青銅製だった。圧搾機に使われたねじは木製だ。どちらも、円柱か棒に螺旋《ヘリックス》を描き、手作業でねじ山を切って作られた。ねじ山を刻む際の「型板」となったのが、直角三角形の薄い金属板である。当時の手引きによれば、直角三角形の直角をはさんだ辺の片方を軸と平行にして巻けば、斜辺が自動的に螺旋を描くことになる。私にはなかなか想像がつかなかったので、三角形をした紙と箒《ほうき》の柄を使って実地に試してみることにした。柄に三角形の紙を巻きつけると、たしかに紙の端がきれいな螺旋を描いた。だがひとつ問題があって、紙を切らずには柄にその線を引けないのである。手引きによれば、この型取り板がくり返し使われることは明らかなのだが……考えるうちに、三角形の垂直線を柄に当てて巻きはじめたのが間違いだったと気づいた。三角形の頂点から巻きはじめれば、紙を巻き取りながら斜辺を一巻きぶんずつ引いていくことができ

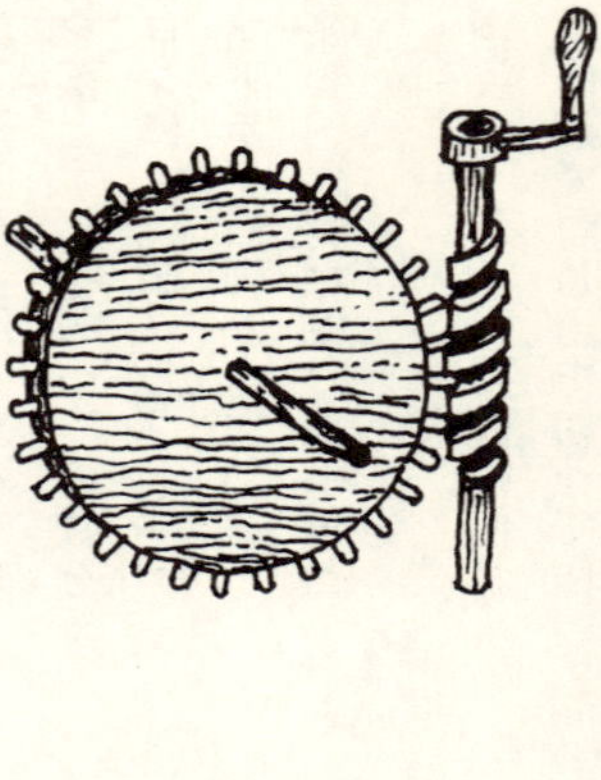

ウォーム歯車。

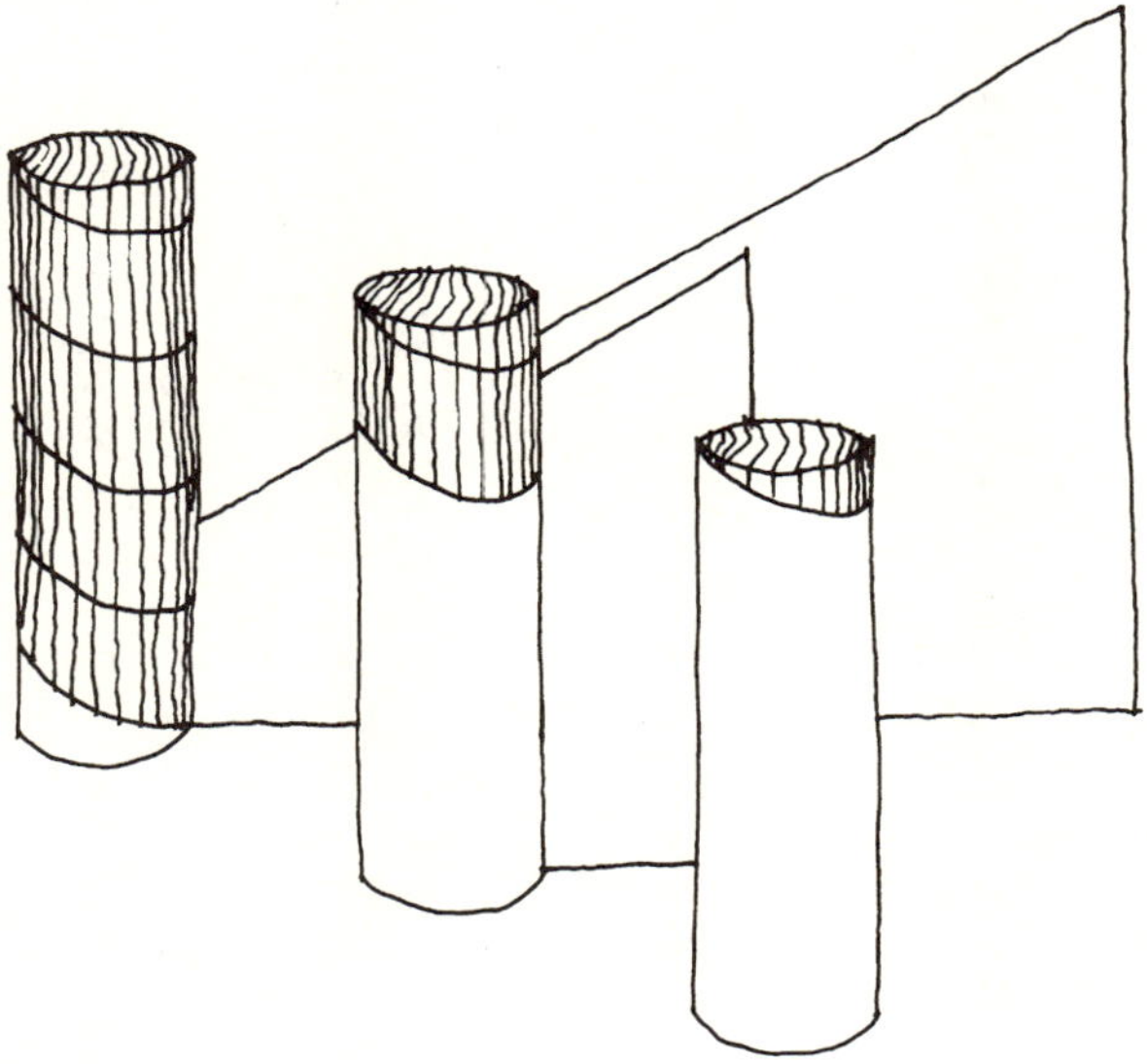

螺旋を描く様子。

る。

ねじを使うギリシア以来のもうひとつの装置は「カメ（亀）」と呼ばれる原始的なナットで、木材から作られ、滑らかな穴があいている。この穴の内側には、鉄や銅でできた「ティロス」と呼ばれるペグがついている。ねじが穴にねじ込まれ、回転するねじ山とティロスが噛みあうと、ねじを回すにつれて「カメ」がねじを「のぼっていく」のだ。この「カメ」はもともと、折れた骨を接《つ》ぎ合わせるために、紀元前三世紀の医師アンドレアスが作り出した装置の一部だとされている。あいにくなことに中世の拷問台に似た形をしたこの装置は、折れた骨を伸ばすために、「カメ」にベルトを引かせて使ったのだそうだ。「カメ」はまた、鉗子《かんし》や拡張器といった分娩用器具を調節するためにも使われていた。

ティロスとねじ山の摩擦が大きすぎてそれほど力をかけられないため、カメは比較的小さな装置で使われたと思われる。ヘロンの梁圧搾機の巨大なねじにティロスを取りつけたりしたら、すぐに詰まって動かなくなったことだろう。ねじ山の違った使い方が必要だ。この問題を考えたヘロンは、もうひとつの画期的な発明をした。すなわち、雄ねじ、つまりボルトと、対《つい》になる雌ねじ、つまりナットである。彼がいかにしてこの発見に至ったのかはわかっていない。おそらく、ペグをいくつも試すうちに、連続する雌のねじ山を思いついたのだろう。数学的な思考の結果かもしれない。あるいは、一瞬のひらめきだろうか？　ひとたび思いついてしまえば、ナットを作ること自体は比較的単純な作業だった。ローマ式の木工錐を使って木材に穴を開け、それを二つに割って雌ねじを切り、元通りにつなぎ合わせればよかったのだ。

ただし、ねじ式圧搾機になると、太い横桁を傷つけることなく穴の内側にねじを切る方法を考え出さねばならなかった。これは困難だったが、ヘロンは諦めなかった。そして私たちが知るかぎり、世界最初の雌ねじ切り、つまりタップを発明したのだ。それは木製の親ねじが取りつけられた箱型

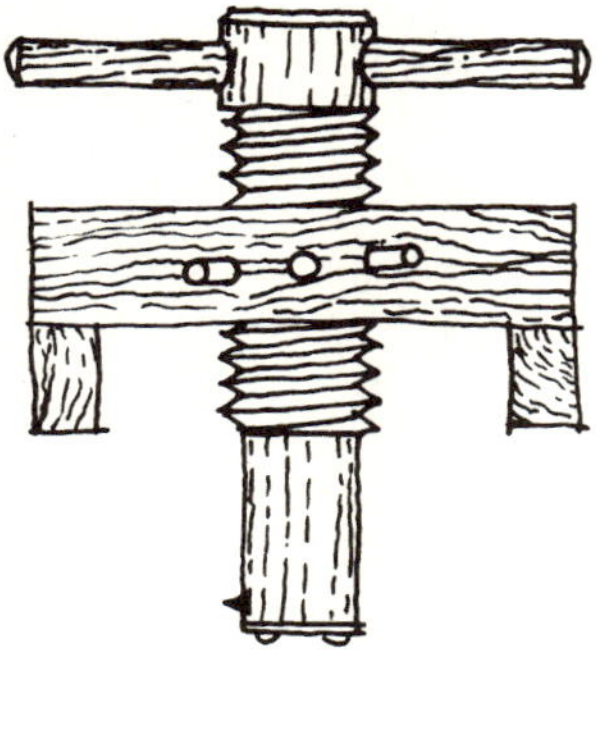

ヘロンのタップ。

の装置で、親ねじがティロスに沿って導かれる仕組みになっている。親ねじの先端には鉄製のカッターがつけられている。穴を開けた木材にこの箱をぴたりとつけて親ねじを回せば、カッターが螺旋を描きながら穴の中を進む。「親ねじが木材に入り込むまで、力をこめてくりかえし回し続けると、望み通りの溝をもつ雌ねじができあがる仕組みだ」とヘロンは記している。一九三二年にデンマークの歴史家アーゲ・ゲルハルト・ドラクマンが、ヘロンの書き残した詳しい説明をもとにタップの絵を描いた。同僚がその実用性を検討して「技術的に不可能だ」と結論づけたが、ドラクマンは臆することなく、実際にねじ切りのできるレプリカを作りあげた。そしてブナ材の厚板にあけた、直径五センチの穴に雌ねじを切ることに成功した。

## ねじまでの遠い一歩

古代ローマでは木のほかに鉄製のタップが使われていたことを証明する記述も残っている。紀元一世紀に生きたユダヤ人の歴史家ヨセフスは、エルサレムの寺院についての記した中で、支柱を補強するために長さ二メートル半の鉄のつなぎ梁が使われていたとしている。「それぞれの梁の先端はねじ型をした見事な受口にはめこまれている」後になると、さらにこのような説明もある。「ボルトがナットにはめこまれているように、梁が受口にはめこまれている」これらの雌受口にはねじが切ってあったにちがいない。四世紀に活躍したアレクサンドリアのパッポスは古代ギリシア最後の偉大な数学者の一人だが、こう記している。「ねじには円柱に斜めのねじ山を刻んだ螺旋があり、もうひとつと符合するようにできている（傍点引用者）」これはナットとボルトのことかもしれない。ウィトルウィウスによる証言はもっと明確だ。木のA字形フレームに似た巻揚げ機であるトリスパストについての説明の中で、二本の木材は「先端部をボルトでひとつに留めてある」としている。ところが不思議なことに、ナットやボルトが使われていたことを示す建築学的な証拠はほとんどないのだ。実際、今日まで残っている古代ローマのナットはひとつしかない。ボン市立博物館に展示されているそれは錬鉄製で、本体は一辺およそ三センチの四角形で、雌ねじの切られた一・三センチほどの穴があいている。一八九〇年に、ドイツの要塞跡から、紀元一八〇〜二六〇年代の古代ローマの品々とともに見つかったものだ。だが、ボルトは見つかっていない。

まあ、ナットとボルトが、ウィトルウィウスが記した巻揚げ機のような解体可能な構造物を組み立てるためだけに使われたのなら、これまでほとんど見つかっていないのも理解できよう。ひとつだけ明らかなのは、古代ローマ人は――優れた鉄の加工技術をもち、釘を発明したにもかかわらず――ボルトとねじを組み合わせようとしなかった、ということだ。古代ローマでねじとねじ回しが使われたという記録はなく、それらが発見されたこともない。「必要は発明の母」とは、古代ローマの格言だ。もちろん、古代ローマには火縄銃も背出し蝶番もなかったので、ねじのような小さくて効率的な締め具はたいして必要ではなかったのだろう。だが、当時ふいごは使われていたし、一六世紀にアグリコラが指摘したように、ねじは釘よりも優れた道具だった。それでも、技術上のさしせまった要請がなかったわけだ。したがって、ねじが現れるまでには一四〇〇年という時間が必要だった。つまり、一四〇〇年後にようやく機械屋の詩人が気づいたのだ。オリーブの実を潰したり、折れた骨を伸ばしたり、観測器具を調整したりできる螺旋なら、ねじ山のついた釘として使うこともできる、ということに。

# 第7章　ねじの父

## ギリシア人についてのある誤解

アレクサンドリアのヘロンはギリシア人だった。私にとって、これは意外な事実だ。というのは、木工錐やかんなは言うに及ばず、アーチやドームまで発明したことからもわかるように、技術的な革新はローマ人の専売特許であり、ギリシア人の才能は哲学や芸術に向けられていたのだと、これまで聞かされていたからだ。

私も学生時代にはギリシアへ旅し、アクロポリスの丘に上ったり博物館を訪ねたりした。だが、多くの人と同様、目に見えるものを正しく理解していなかったことになる。イェール大学で科学史を教えるデレク・J・デソーラ・プライス教授はこう記している。「われわれの文明らしきものが生まれるにあたって決定的な役目を果たしたはずのギリシアの奇跡は、あまりにもわずかしか受け継がれなかったため、われわれはほとんどのものを自分で造り出したという錯覚に慣れすぎてしまった。そのためギリシアといえば、石の建築や彫像といった朽ち果てにくいもの、あるいは陶器、硬貨、墓の副葬品などといった、博物館や遺跡発掘の現場でお目にかかるものくらいしか考えないようになってしまったのだ」プライスの言うとおり、たしかにギリシアで使われた機械を今に伝える物的証拠はあまりにも少なく、そのために古代ギリシアでは複雑な機械など使われなかったと長いあいだ考えられてきた。ヘロンのような人物によって書き残された機械は、空想上のものでしかないとされたのである。

しかしこの通念は、ある画期的な発見によって覆《くつがえ》された。多くの考古学的発見と同様、この発見もほとんどは偶然の産物だ。一九〇〇年に、海綿採《と》りの二隻の船がギリシア本土とクレタ島に挟まれた海峡で突風のために航路を外れてしまった。乗っていた漁師たちはアンティキシラという無人の小島で風を避けた。嵐が止むと、漁師たちは海綿を探してこの知らない海に入った。四〇メートル以上潜ったところで海綿の代わりに見つけたのは古代の船の残骸で、その周囲には青銅や大理石の彫像が散らばっていた。漁師たちは役場に知らせ、調査隊が送り込まれた。

発見されたものを考古学者が調査した結果、船が沈没したのは紀元前八〇〜五〇年のあいだとされた。船は貿易船のようで、小アジアのどこか――おそらくロードス島――からローマに向かっていたのだろう。引き揚げられた数多くの破片は、二〇〇〇年ぶんの堆積物《たいせきぶつ》に覆われていた。だが、考古学者はもっぱら、破片よりも彫像の復元のほうを気にかけた。たまに堆積物に注意を向けることがあっても、それはたんに、彫像の破片がまぎれていないか探すためにすぎなかった。だが、作業が始まって八カ月後、驚くべき発見がなされた。堆積物の固まりのひとつが割れたのだ。おそらく、覆われていた古代の木が空気に触れて縮んだためだろう。姿を現したのは彫像の破片ではなく、腐食して崩れかけた青銅の円盤で、それらには文字のほかに歯車のようなものもついていた。それが何だったにせよ、機械装置にちがいないものが、縦二〇センチ、横一五センチ、高さ一〇センチくらいの木の箱に収められていたのだ。

## アンティキシラ機械《コンピュータ》の発見

調査のために付着物などを取り去ってみると、このいわゆるアンティキシラ機械はいくつもの連結歯車をもつきわめて複雑な機械であることがわかった。しかし、腐食して壊れやすくなった破片は石灰質の付着物に厚く覆われていたうえ、多くは互いにくっついていて、正確に復元しようとすると、ひどく骨の折れる作業になった。これは天体観測儀だという意見もあれば、航海用装置にしては複雑すぎるので時計の一種だろうと考える考古学者もいた。イスラム世界や中国で発見された天体観測器具に用いられた歯車仕掛けで、紀元一〇〇〇年以前のものはないので、それより一〇〇〇年以上も前にギリシア人が歯車仕掛けを知っていた、などと考えるのは、いくらなんでも大胆すぎる、と思われた。この仕掛けは古代ギリシアのものでもなんでもなく、たまたま同じ場所で難破した後代の船に積まれていたものだと考える学者さえいたほどだ。しかし、少なくともこちらの考えは、円盤がたしかに青銅製であることが確かめられたことで消えた。青銅は古代にしか使われず、その後はこうした精密機器には真鍮が使われるようになったからだ。

それから何十年もたって洗浄技術が向上すると、文字の解読が進み、このメカニズムへの理解も深まった。それでも、その用途は不明のままだった。この装置を研究していたデレク・J・デソーラ・プライスは一九五九年に《サイエンティフィック・アメリカン》誌に「古代ギリシアのコンピュータ」という特集記事を執筆した。その中でプライスは、この装置は天体の動きを計算するためのもので、デ・ドンディの天文時計の、古代ギリシアにおける先駆けであると推論している。知られている最古の機械式時計は一四世紀のものなので、この仮説に対しても、古代ギリシアにそのような高度な技術があったはずはない、装置は後代のものだろう、という反論がなされた。一九七一年に、プライスはギリシア人の同僚とともにガンマ線写真およびX線写真という新しいテクノロジーを使って破片の調査を始めた。すると付着物に覆い隠されていた、何層にも重なった装置が見えてきた。そして、それまで行方のわからなかった決定的な破片が、その博物館の貯蔵室で見つかったとき、最後まで残った謎が解明される時が来た。装置を復元することが可能になったのだ。

プライスによれば、この装置は「調速用の脱進機構《エスケープメント》こそ欠いているが、見事な天文時計、というか、つまらない計算を機械部品に肩代わりさせる現代のアナログ・コンピュータのようなものである」。正面の文字盤には十二宮の絵が、スリップリングには一二カ月が描かれている。裏側の二枚の表示板のうちの一枚にはスリップリングが三つ、もう一枚には四つついていて、月を含む諸天体の運動を示す。内部

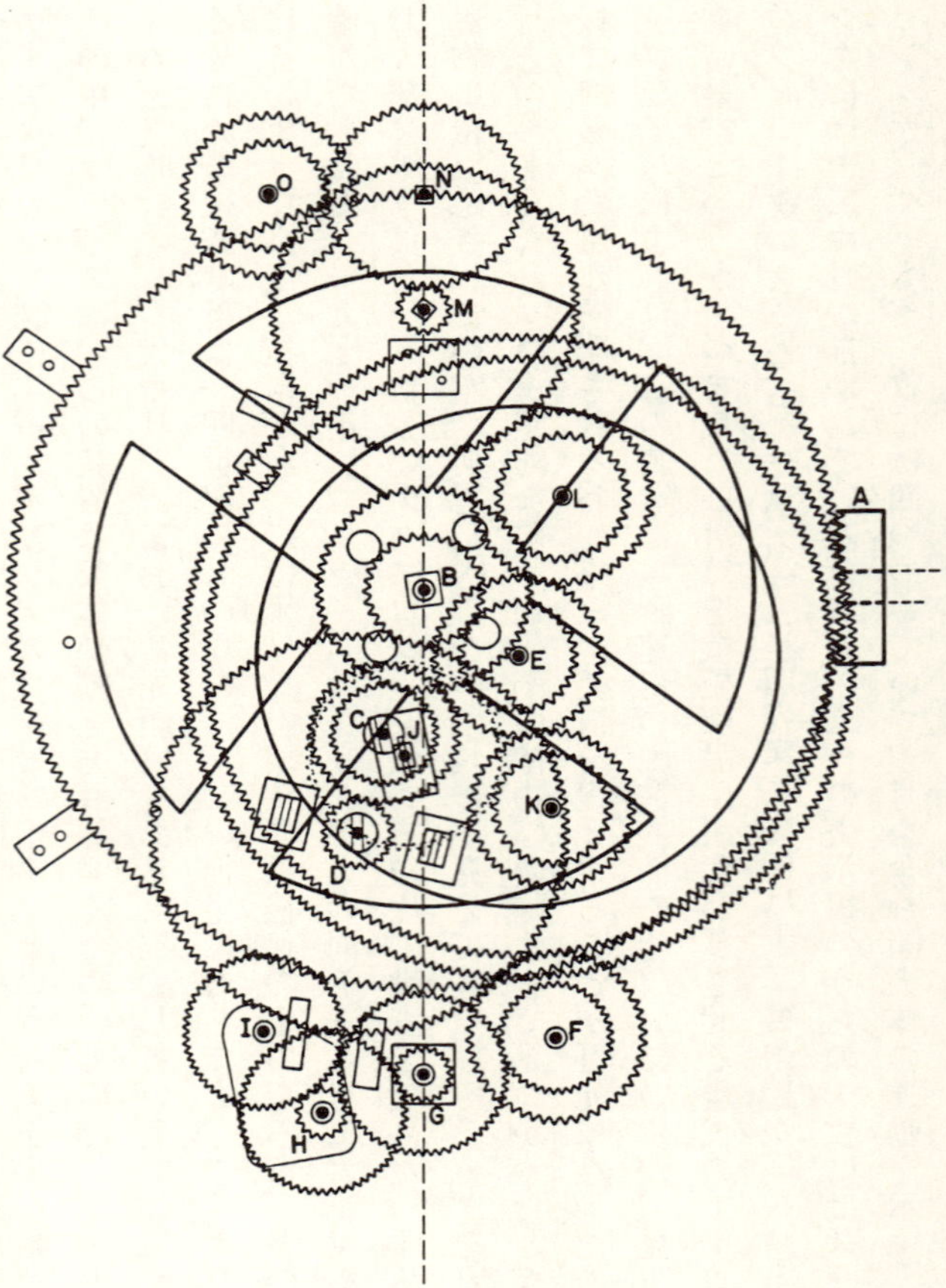


アンティキシラ機械の歯車の全体構造。

には、三〇個以上の鋸歯状の連結歯車がピンとくさびで留められている――が、ねじは使われていない。歯車のほとんどは単純な円形で、ひとつの歯車の三角形の歯が別の歯と噛み合うことで、回転運動をそのまま、もしくは少し修正して伝える。プライスはまた、速度の異なる二つの公転――太陽の公転と月の満ち欠け――を合成していわゆる朔望月《さくぼうげつ》（シノディック・マンス）の周期を計算するための、はるかに複雑な歯車の組み合わせを見つけた。これはつまり、知られるかぎり最初の差動装置なのだ。自動車の車軸の差動は、回転する駆動輪のあいだで動力を分散させて、角《かど》を曲がるときには内側の車輪がより短い距離をスムーズに動くようにする仕組みだが、これが発明されたのは一八二七年のことだ。アンティキシラ機械の差動装置は二〇〇〇年も前に作られた。「古代ギリシアの人々が、その文明の没落寸前に、思考のみならず科学技術の点でも現代にこれほど肉迫していたとは、空恐《そらおそ》ろしくなるほどだ」とプライスは記している。

## アルキメデスの天球儀

アンティキシラ機械は私たちが目にすることのできる古代ギリシア唯一の複雑な

機械装置だが、そうしたものが他にもあったことは、似たような装置について記した文献が残されていることからもわかっている。紀元前一世紀に目にした「天球儀」について、キケロがこう書き記している。「ガルスがこの天球儀を動かすと、青銅の上で月は太陽に、天球において遅れる日数だけ、回転数において遅れました。その結果として、天球儀においても同じ太陽の食が起こり、月は太陽の陰になる点に達したのです」すっかり感銘を受けたキケロは、こう考えた。「あのシチリア人は人知を超えた天才だ」「あのシチリア人」とは、その天球儀を作ったアルキメデスのことだが、アルキメデス自身はそれより一五〇年前に死んでいる。アルキメデスの天球儀は古代世界では有名だった。プルタルコスやオヴィディウスも、それについて触れている。その死から八〇〇年も経ったのち、クラウディアヌスが書いた詩の中では天の支配者たるユピテルが、「天体の法則や自然の確かさ、神々の定めをそっくり模倣する技能をもったシラクサの賢人」に笑いものにされている。とはいえ、アルキメデスの天球儀について記した人々は、その技術的な仕組みについては何も書き残していない。古代の文献から、アルキメデス自身が『天球儀の作成に関して』という技術書を書いたことはわかっているが、遠い昔に失われてしまった。

プライスは、アルキメデスはおそらくアンティキシラ機械と同様の複雑な歯車の組み合わせを考案したのだろうと考えている。アルキメデスの天球儀を模した、後世のレプリカに同様のものが使われているからだ。

アルキメデスは、シチリア島にギリシア人が建てた裕福な都市国家シラクサの市民だった。紀元前二八七年ごろに、天文学者の息子として生まれ、青年になるとアレクサンドリアに送られて、偉大なエウクレイデスの後継者たちとともに数学を学んだ。シラクサに戻ると、科学研究に専心した。古代ギリシアにおける数学の第一人者となり、平面幾何学と立体幾何学の両方でさまざまな証明を行なったが、その中には螺旋の幾何学的記述も含まれている。「平面板の平衡」についての論文を何篇か著わし、力学の数学的な基礎を確立した。さらに、静止した、あるいは圧力を受けている流体に関する流体静力学という物理学の一分野を、たった一人で生み出した。

アルキメデスは生前、自分の墓石にお気に入りの公式を彫るよう指示している。つまり、球体とそれに外接する円柱の正確な体積比の公式だ。アルキメデスは七五歳で死んだ。それから一五〇年後にローマの行政官としてシチリアに赴任したキケロは、その墓を探し出し、荒れ果てているのを見て、修理させている。キケロに続いて、ディオドロス・シケリオス、リヴィウス、プルタルコスといった後代の歴史家たちがアルキメデスに関心を寄せた。もちろん、彼らがアルキメデスについて記したのはその死後三〇〇年（プルタルコスの場合は四〇〇年）のことであり、そのころには、物語として語り伝えられた記録しか残っていなかった。そのひとつが、アルキメデスの死についてのものだ。

第二次ポエニ戦争で、ローマ軍はシラクサを攻撃し、二年間の包囲戦ののち、街は陥落した。プルタルコスによれば、自身もアマチュア数学者であったローマ軍の将軍マルケルスは、かの有名なアルキメデスを捕らえようと兵士を送った。「運命のいたずらか、彼（アルキメデス）は図形を描きながらなにかの問題を解く作業の最中で、目も心もそれに集中していたので、ローマ軍の来襲にも街の陥落にも気づかずにいた。したがって、突然現れた一人の兵士から、マルケルスのもとへ出向くよう命じられると、問題を証明するまでは駄目だと拒否した。それを聞いた兵士は逆上し、剣を抜いてアルキメデスを切り殺した」マルケルスは嘆き悲しみ、自らアルキメデスの墓を建てたという。また、天球儀を二つ手に入れ、そのひとつがのちに天文学者ガルスの手に渡り、キケロが目にすることになったのである。

**ユーレカ！　ユーレカ！**

アルキメデスに関して伝えられてきたもっとも有名な話は、いわゆる黄金の冠の謎を解いたエピソードだろう。シラクサの王ヒエロンが、神々への捧げものとして黄金の冠を作らせることにした。金細工師は黄金を預かり、冠を作った。ヒエロンは銀が混ぜられたのではないかと疑ったが、それを証明することはできなかった。神聖な冠に傷をつけることはできず、化学分析など論外だった。金細工師も口を割ろうとしないので、ヒエロンはアルキメデスに頼った。アルキメデスは冠の重さを量《はか》り、同じ重さの銀と金を、水を張った容器に沈めて、あふれる水の量をそれぞれ測った。すると、銀を沈めたときにあふれる水の量は、金のときよりも多いことがわかった（銀の比重は金のほとんど半分である）。金の冠を沈めると、あふれた水の量は同量の金を沈めたときよりも多かったので、銀が混じっていると推論し、実際に冠が純金製でないことを証明した。伝説によれば、水を使った実験方法は、アルキメデスが公衆浴場で風呂に浸かっているときに思いついたものだという。浴槽からあふれる湯を見て、ひらめいたのだ。「アルキメデスは大喜びで風呂から飛び出すと、素っ裸のまま家まで走って帰った。その道中、大声で『ユーレカ！　ユーレカ！（わかった！　わかった！）』と叫び続けた」とウィトルウィウスは記している。

プルタルコスによれば、アルキメデスは「道具を作る行為、そして利便を追求する行為全般を卑しいものと蔑《さげす》み、日常生活での必要とは無関係で美しく優れたものだけを追い求めた」。とはいえアルキメデスも、ヘロンやモーズレーと同様の機械屋の性《さが》の持ち主だったことは間違いない。アルキメデスが示した発明の才は伝説となっている。ローマでは、さまざまな形をした象牙のコマを合わせて四角をつくるパズルが人気だったが、これはアルキメデスに敬意を表してロクルス・アルキメデス（アルキメデスの箱）と呼ばれていた。その才気煥発ぶりは、今日でも人々の生活に役立っている、彼の手になるさまざまな発明品を見れば明らかだ。たとえば複滑車はいくつかの滑車を組み合わせることによって上方向の牽引《けんいん》力を増大し、重い荷物を一人で持ち上げるのを可能にする。巻揚げ機は円筒にロープを巻き付けた装置だが、船上や鉱山で重い物を持ち上げるのに使われる。そして、さおばかりの先祖もある。天球儀のほかに、水時計や、空気を水で圧縮して鳴らす水オルガンも、アルキメデス作と伝えられるものだ。

ダ・ヴィンチやラメッリのように、アルキメデスも軍事技術者として働いた。シラクサ包囲戦の際には、防御用の武器の製作を要請されて、二〇〇キロもの重さの岩を飛ばす弩《いしゆみ》や、水中に仕掛けて船を転覆させるための複雑な装置を設計した。もっとも有名な武器は集光鏡で、鏡に太陽光線を集め、敵の船に焦点を合わせて火をつける仕掛けだった。たんなる面白い伝説と考えられてきたこれらの発明の実用性を証明しようと、ギリシアのイオアニス・サカスという技師が一九七三年に実用模型を作った。青銅をコーティングした鏡七〇枚を使い、船の形に切ってタールを塗ったベニヤ板に焦点を合わせた。すると、古代の文献にある「矢の届く距離」である五〇メートルの距離では、わずか数分でベニヤ板に火がついたのである。

一九八一年にサカスは大胆にも、アルキメデスが発明したアルキトロニート、つまり蒸気砲の実用模型を作った。これがアルキメデスの発明だとしたのはダ・ヴィンチで、熱した火口《ほくち》箱に砲尾が収められた大砲のスケッチを残している。白熱した砲身に水槽から水を流し込むと、そこからあがる大量の蒸気で、砲弾が飛び出す仕組みだ。「この機械は一タレント（約九キロ）の砲弾を六スタディア（約九〇〇メートル）飛ばすことができる」とダ・ヴィンチは記している。サカスの縮小版模型からセメントを詰めたテニスボールを発射すると、六〇メートル飛んだ。

プルタルコスによれば、「一定の力で一定の重さを動かすために」という論文の中であらゆる重さのものを動かすことが可能だと主張したアルキメデスは、水辺に引き揚げた貨物を積んだ船を動かして、自らの言葉を証明してみせよとの挑戦をヒエロンから受けた。アルキメデスは装置を準備し、船にロープをかけて「自分は遠くに腰掛けたままで、船をまるで水の上に浮かんでいるかのように滑らかに、たいした力もかけずに動かした」という。「足場を与えてくれれば、地球も動かしてみせよう」というかの有名な言葉が発せられたのは、このときのことだ。

いったいアルキメデスはどのようにして七五トンもある船を動かしたのだろうか。プルタルコスによれば、複滑車を使ったのだという。ビザンチン時代の歴史家の説明では、三つの滑車をつけた複滑車が使われた。またギリシアの歴史家アテナイオスは、アルキメデスが用いたのはウォームねじだったとしている。A・G・ドラクマンはこれらの装置を併用して船を動かしたと考えるのが妥当だと考えた。五つの滑車を組み合わせた複滑車を、複数のウォームねじの動力を使った巻揚げ機で牽引する力を計算すると、一二万五〇〇〇倍ものの力でものを引けることがわかった。つまり、ロープにかかる一ポンドの力が、六〇トン以上もの牽引力となるのである。摩擦による力のロスを考慮しても、アルキメデス一人で――さまざまに異なる見解もこの点についてはー致している――短い距離なら重い船を動かすことが可能だっただろう、とドラクマンは主張した。

## 水揚げねじ――そもそものねじの始まりか？

さて、ウォームねじを発明したのはだれだろうか。現代の歴史家のあいだでは、プラトンと同時代、つまり紀元前四〇〇年ごろに生きたピタゴラス学派の哲学者、タレントゥムのアルキタスだとする考えもあれば、アルキメデスと同年代で年少のペルゲのアポロニオスだとする意見もある。ドラクマンはアルキメデス自身だったと考え、その論拠として船を動かしたというアテナイオスの話だけでなく、ギリシアの学者エウスタシウスの次のような文章を引き合いに出している。「ねじもまた、アルキメデスが発明した、一種の機械である」

　ドラクマンの説がもっともに思えるのは、アルキメデスの名前がもう一種類のねじ、つまり揚水用の水ねじに関係して登場するからだ。これは直径三〇センチ、長さ三〜四・五メートルの巨大なねじを耐水性のある木の円筒に入れた装置だ。筒の両端は開いている。わずかに傾けて筒を固定し、片端を水に浸す。筒の外側につけた足掛かりを踏んで人が歩くことで装置全体が回転すると、低いほうの端から入り込んだ水がねじの螺旋状の仕切り——すなわちねじ山——にそって先端まで上がる。水ねじの回転速度はゆっくりだが、その能力はかなりのもので（設置角度が小さいほど、揚水量は多くなる）、機械効率は六〇パーセントにもなると推計される。水車やバケットコンベヤーといった後代の装置顔負けの数値だ。*

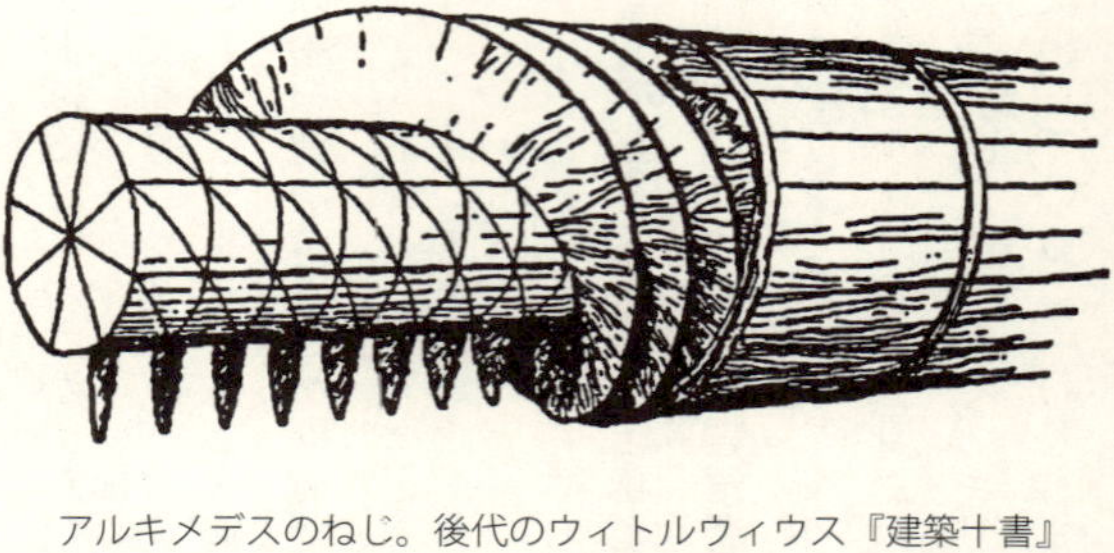

アルキメデスのねじ。後代のウィトルウィウス『建築十書』（紀元前1世紀）より。

水ねじが登場する最古の文献は紀元前二世紀のもので、どれもアルキメデスによる発明としている。ディオドロスによれば、ちょうどアルキメデスがアレクサンドリアで学んでいた青年時代のことだという。これにはうなずける。というのは、水ねじはエジプトで農業用灌漑《かんがい》に使うのに理想的な装置だからだ。大きな水車と異なり、持ち運びに便利であり、巻き揚げる高さはわずかでも、平らなデルタ地帯で使うのには充分だ。そして、ごく単純な装置であり——可動部分はない——泥を多く含むナイル川の水によって詰まることもない。

水ねじの技術は、エジプトから地中海世界全体に広まり、灌漑だけでなく、他の用途にも使われた。アルキメデスはこれを使って、ヒエロンの巨大な船から汚水を汲み出したという。古代ローマでは、都市の水道に水を供給したり、鉱坑にたまった水を取り除くのに使われた。一九〇〇年代初めには、スペインの古代ローマ時代の銅山で、保存状態の良い木製の水ねじがいくつか見つかっている。長さ三・六メ

＊　アルキメデスのねじは今日でも使われている。現代のねじ式コンベヤーでは円筒の内側でねじが回転し、古代のものでは、円筒全体が回転した。

ートル、直径約三〇センチの円筒で、ピッチを塗った布で包んだ上からロープで縛って強度を高めたものだ。内側の螺旋状の仕切りには、薄い木片を張り合わせ、銅の釘で固定したものが使われている。このような水ねじを四つつなげれば、水を垂直に六メートルは揚げることが可能だろう。ディオドロスによれば、「交代で装置を動かすことで、立坑《たてあな》の入り口まで水を揚げ、立坑を水で満たすことができる。この装置はきわめてよくできていて、大量の水をわずかな力で汲み上げられるのは不思議なことだ」

ディオドロスが水ねじの単純さと効率の良さに感銘を受けたことは、それを古代に使われていた他の揚水装置、すなわち複雑なバケットコンベヤーや水車などと比べていることからもわかる。広く使われていた水車は、ティンパヌムと呼ばれたものだ。これは内部が空洞の巨大な車で、直径が三~四・五メートルあり、八つのパイ形に仕切られている。車が回ると一番低い部分の仕切りが水から上がるとき中に水が溜まり、その部分がもっとも高い位置にきたところで空《から》になる。アルキメデスは、このティンパヌムから着想を得たと言われている。たしかに、ティンパヌムの形を長く伸ばして中心軸のまわりに回転させれば、円筒状の螺旋を描くことになる。

この三次元への思考の飛躍はわかりにくいが、優秀な数学者にとっては朝飯前というものだろう。

「アルキメデスが水ねじの発明者である」という推測を裏づける、もう一つの興味深い事実がある。水ねじに関するギリシア語およびラテン語の文献に登場する詳しい説明は、ウィトルウィウスによるものしかないが、水ねじに八つの螺旋状の仕切りをつけているのだ。ティンパヌムから発展させた水ねじであれば、仕切りの数は当然八つとなるだろう。ウィトルウィウスの説明は、おそらく最初の水ねじについてのものだろう。後代のローマの技師も、八つの仕切りに力学上の利点はない――費用も余計にかかる――ことに気づき、仕切りの数を二つか三つに減らしているくらいだ。

## ねじの父

アルキメデスがティンパヌムから着想を得たにせよ、そうでないにせよ、水ねじもまた、技術革新というよりは、人間の想像力によって生み出された機械であると言えるだろう。そして、想像力は気まぐれだ。たとえば古代中国では水ねじは知られていなかった。実際、ねじ自体がまったく存在しなかったのだ。ねじは古代中国で独自に生み出されなかった唯一の重要な機械装置である。一方、古代ローマ人は木工錐を発明した時点でねじについて知っていたのに、この単純な仕組みが木に穴を開ける際の大問題を解決することに思い至らなかった。大問題とは、深い穴を掘ろうとすると、おがくずが穴に詰まってしまうことだ。一八〇〇年代初めになってようやく、いわゆる螺旋錐が発明されて、錐が回ると同時に螺旋状の軸がおがくずを取り除くようになったのである。

水ねじはただ単純かつ天才的な装置ではなく、私たちが知るかぎり、人類史上初めて螺旋が使われた例である。ねじの発見は、奇跡のようなものだ。アルキメデスのような天才数学者だけが、螺旋の幾何学について解説することができ、彼のような天才機械学者だけが、この並外れた形をどう実際に応用できるか、想い描くことができたのだろう。アレクサンドリアで学んでいた青年時代に水ねじを発明し――私はそうだと思いたいが――のちにこの螺旋をウォームねじに応用した、ということであれば、そのほかにも多くの優れた発明をしたアルキメデスに、ささやかだがたいへんな名誉、「ねじの父」の称号を贈ろうではないか。

# 工具小目録

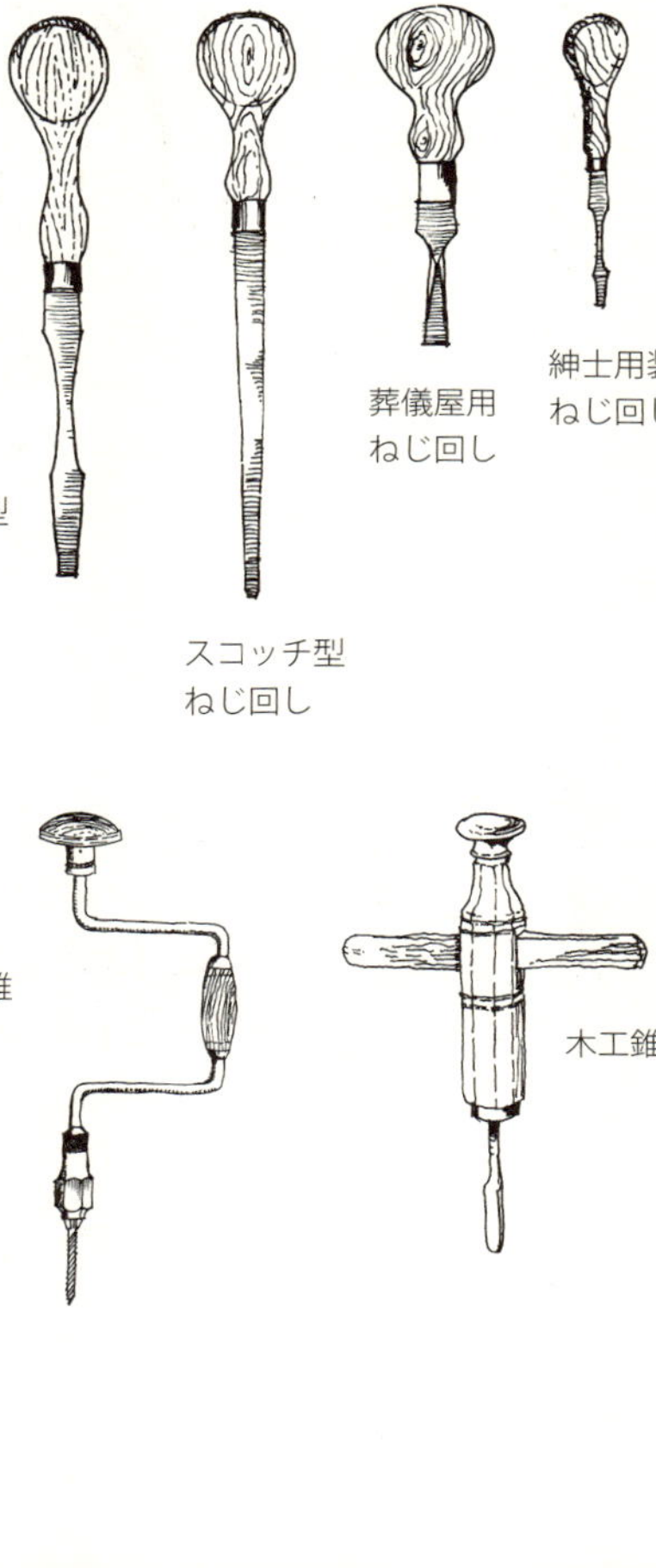

ロンドン型
ねじ回し

スコッチ型
ねじ回し

葬儀屋用
ねじ回し

紳士用装飾つき
ねじ回し

曲がり柄錐

木工錐（胸当て錐）

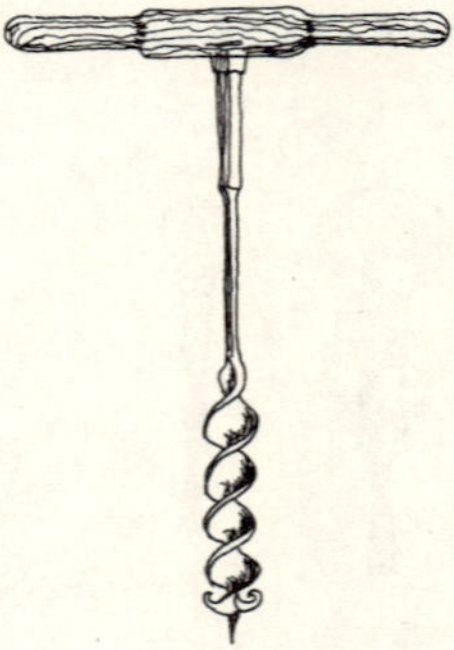

ボールト錐

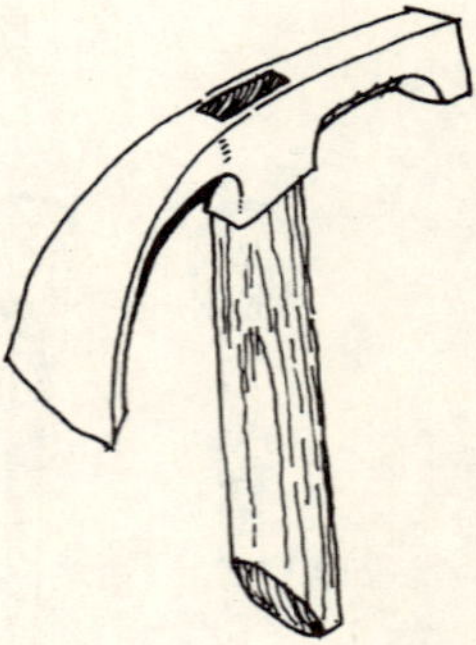

クーパース・アッゼ
（ハンマーつき手斧）

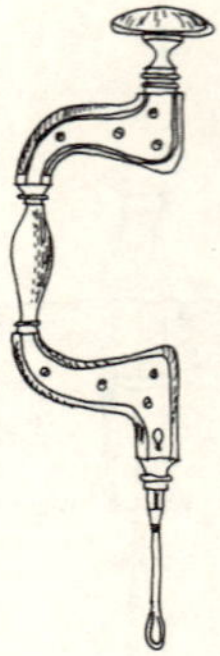

真鍮プレートつきの木製曲がり柄錐

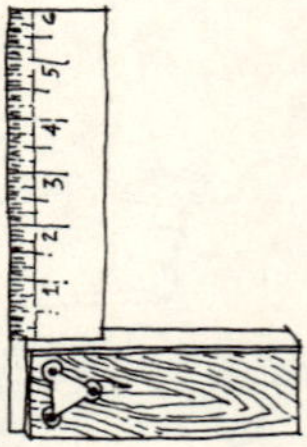

直角定規

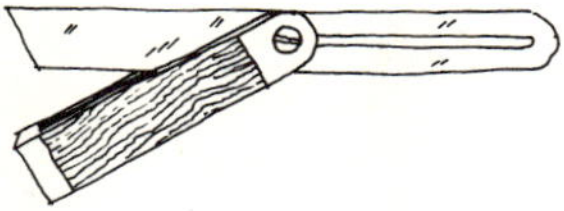

角度定規

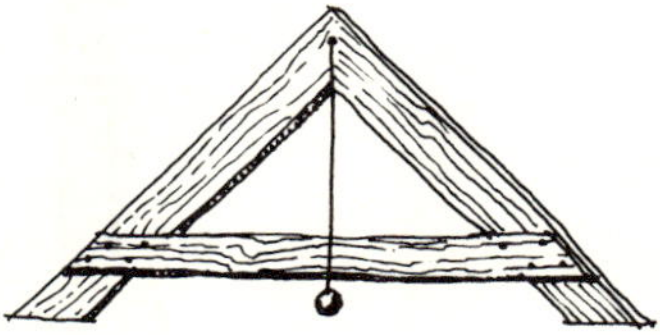

A水準器

アルコール水準器

コンビネーション・ケースオープナー
（梱包《こんぽう》用木枠を開けるためのもの）

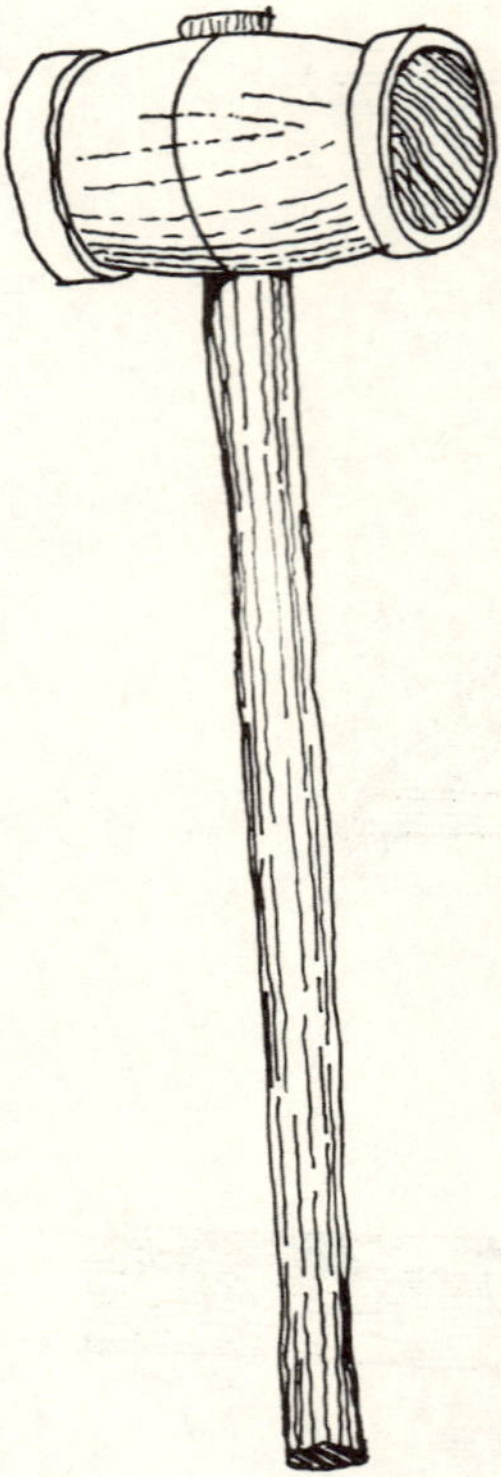

大木槌

かんな

胴付きのこ

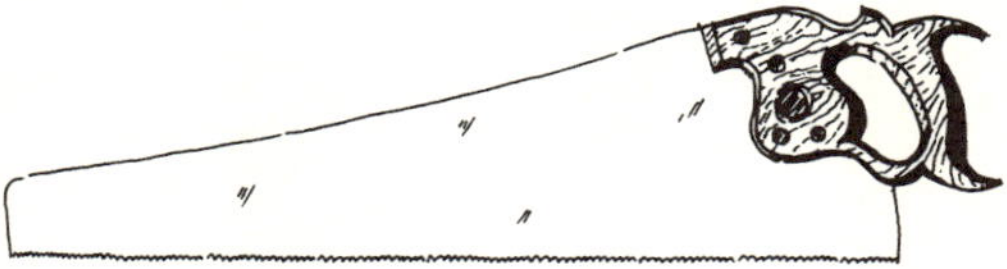

スキュー・バック型片手のこ

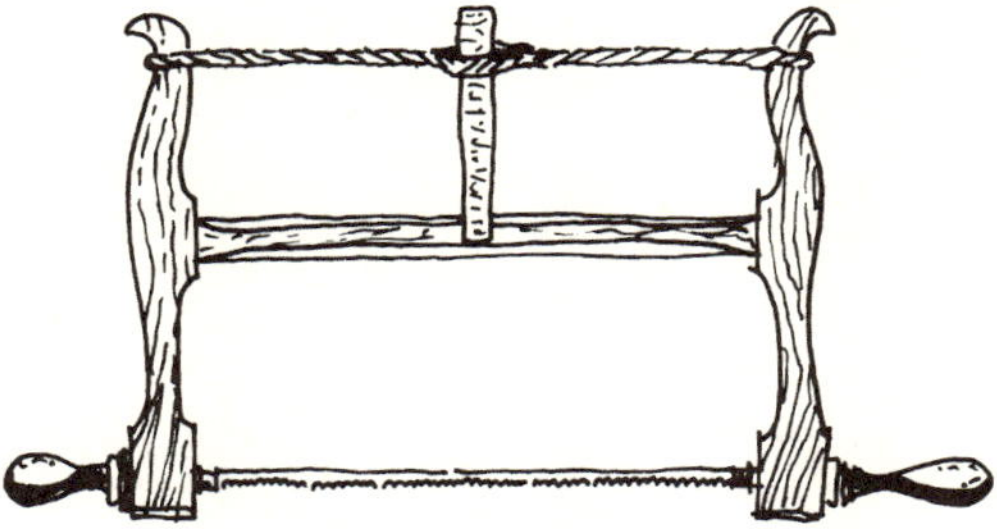

大のこ（枠のこ）

# 謝辞

まず、デビッド・シップリーに、疑問を提起してくれたことを感謝する。ギリシア語の引用に関しては、ペンシルベニア大学古典学部長のラルフ・ローゼン教授にお世話になった。ロバート・A・ルーロフは親切にも錬鉄製の大釘についての情報を、いくつかの興味深いサンプルと一緒に送ってくれた。ジェイミー・ケンドリック、アダム・バージレー、マリア・ゴンザレス、そしてイー・ティン・リューは優れたリサーチ・アシスタントぶりを発揮してくれた。ミルトン歴史協会からは、かのP・L・ロバートソンに関する情報を提供してもらった。ペンシルベニア大学のフィッシャー・ファイン・アーツ・ライブラリーとヴァン・ペルト図書館のスタッフは、いつもながら親切に協力してくれた。編集者のナン・グラハムとエージェントのカール・ブラントがいなければ、はたしてこの小著が世に出たかどうか疑問だ。二人は工具と手仕事に対する私の興味を共有してくれた。そして妻のシャーリー・ハラムは、いつものように私を正しいタイミングで正しい方向へと導いてくれた。

一九九九年一〇月　ペンシルベニア州チェストナット・ヒルのアイスハウスにて

# 訳者あとがき

「この一〇〇〇年間に発明された最高の道具は何か」と問われたら、だれもが返答に困るのではないか。一概《いちがい》に道具といっても、工具に文房具、農機具、調理器具、工作機械、医療器具……いったい何万種あるものやら、見当もつかない。おまけに、そのどれがこの一〇〇〇年間に発明されたかなど、どうやって調べればいいのだろう。

この難問を突きつけられた著者ヴィトルト・リプチンスキはカナダのマギル大学で建築学を学び、現在はペンシルベニア大学で都市学を教えている。私たちが日ごろ使っているさまざまな道具に関して造詣が深いことで定評があるうえ、大工道具を使って文字どおり自らの手で自宅を建て、その顚末を『心地よいわが家を求めて』という本にまとめている。

そんな彼が「この一〇〇〇年間で最高の道具を探せ」との指令を受けたのだから大変だ。分野を工具に限定すると、もちまえのリサーチ力を発揮して、自宅の工具箱を覗き、百科事典をめくり、博物館へ出かけ、展覧会を眺めるが、主たる工具はこの一〇〇〇年間どころか、すでに古代エジプトやローマで使われていたものばかり。意気消沈するリプチンスキを救ったのが、妻の一言だった……。

私たちはリプチンスキに連れられて、ねじ回しを探して歴史の遙か彼方から現代までを旅することになる。地面に膝をついて旋盤を使う古代エジプトの大工。オリーブオイルを絞る圧搾機を扱う古代ローマ人。曲がり柄錐《えぎり》に体重をかける中世の大工。ねじで留めた甲冑を身にまとって騎馬試合に臨む騎士。回転式書見台を回す学者。火縄銃の発火装置に火種《ひだね》を近づける兵士。暇つぶしに旋盤を回して装飾品を作る貴族たち。六分儀の目盛りと海図とを比べて緯度を計算する航海士。梯子の上での作業中にねじを落として悪態をつく大工……さまざまな職業の人々が、私たちの前に次々に姿を現し、さながら職人の絵巻物を開いていくかのようだ。

私たちが使っているほとんどの道具が発明された中国でも、ねじは知られていなかったというのは驚きである。一方ヨーロッパでは、一五世紀後半に作られた写本に溝つきねじの絵があることから、このころにはすでに使われていたことがわかる。もともとは甲冑や鉄砲といった軍事用の道具の連結部分がくり返し衝撃を受けてもゆるまないようねじ込まれ、その技術が他の分野に応用されるようになったのではないか、というのが著者の推測だ。だが、一つひとつ手作業で作られたねじは、値段が高いうえにねじ山の角度が均一でなかったり、先端部が鈍かったりと、精度が低く、一般には普及しなかったようである。時代が下って近代になると、さまざまな道具がそれまでのまったくの手作業から機械によって製作されるようになる。そして高精度の機械を作るために必要とされたのは、それらを留めるための完璧なねじだった。天才職人や熟練工が続々と現れた一八〜一九世紀に完璧なねじが作られるようになると、自然科学や近代技術が飛躍的に発展したのである。

日本人が初めてねじと出合ったのは、一五四三年に種子島に漂着したポルトガル人から購入した火縄銃によってであったという。鉄砲製作の命《めい》を受けた島の刀鍛冶《かたなかじ》は、未知のねじ構造を教えてもらうために自分の娘をポルトガル人に嫁《とつ》がせることまでしたという、歴史の授業で聞いた話を思い出した。完璧さを求め、精度を追求してやまない「職人の性《さが》」は、古今東西を問わず存在するのだろう。

ところで、私たちが何気なく使っている「ねじ」という言葉だが、厳密には二つに分類することができる。一つめは、加工されたねじ山の部分だけに使われ、ねじ山の形状やピッチ、直径などを指し、規格上の分類では「ねじ基本」とされる。二つめは、ねじ山が施されたねじ全体を指して使われ、規格上の分類では「ねじ部品」と呼ばれる。この点を念頭に置いて読んでいただければ、ねじの構造もわかりやすいのではないかと思う。

翻訳作業にあたり、工具や大工仕事に関するさまざまな書籍を読むことになったが、本書で紹介されている西欧の工具はもちろん、日本にも古代から独自の優れた工具が数多く存在していることを知って、恥ずかしながら驚いた次第である。また、職人の哲学や心意気などにも触れることができ、得るものが多かった。

最後に、本書を翻訳する機会を与えてくださり、多くの資料を揃えて応援してくださった早川書房編集部の伊藤浩氏に心より御礼申し上げます。

二〇〇三年六月

追記

「神は細部に宿る」とは、建築家ファン・デル・ローエの言葉だが、ねじこそがその見本といってもいいのではないか。もしねじがなかったら……という仮定は無意味であろう。なぜなら、人類の歴史のどこかの時点で必ず、ねじは必要とされ、生み出され、有名無名の職人の工夫や努力を宿らせて、私たちの生活を支える裏方となったはずだから。

文庫化にあたり、早川書房編集部の三村純氏にお世話になりました。心より御礼申し上げます。

二〇一〇年四月

# 解　説

（元旋盤工・作家）
小関智弘

一九五一年からの半世紀を東京の町工場《まちこうば》で旋盤工として働いたので、ねじ切りについての思い出は多い。現場ではなぜか、ねじに限って〝削る〟ではなく〝切る〟という。

戦後間もない町工場の旋盤といえば、この本の一一八ページに図示されたモーズレーのねじ切り旋盤と大差ない機械であった。工場の片隅にある一台のモーターを動力源に、天井にある大きなプーリー（滑車）を回転させ、その回転を何台もの機械にベルトで伝えて動かす、通称ベルト掛け旋盤であった。見習工のわたしに旋盤の操作を手ほどきしてくれた職人のなかには、足踏み式や水力式旋盤を経験した旋盤師もいた。明治以降の産業の近代化を支えてきたのは、そういう職人たちだった。その職人たちはよく「ねじ切りがうまくできなければ一人前じゃないよ」と、わたしに言った。

事実、それからしばらく旋盤工の採用にはよく、小さなジャッキを作れという実技試験が行われた。重量ものを上下させる回転式の小型起重機である。ねじがしっくり合っていなければスムーズに上下運動できない。旧式な旋盤の操作やバイト（刃物）の研ぎ方に、高度な技能が必要であった。

それからほぼ半世紀後の二〇〇二年三月の数日間、わたしはＮＨＫの「世界・わが心の旅」の取材で、中国の浙江省《せっこうしょう》の工場をたずねた。ひとりの旋盤工と親しくなって、身ぶり手ぶりで話をするうちに、たまたま旧式の旋盤でねじを切っていた彼が、わたしにもやってみろという。そこでわたしは上衣を脱ぎ、腕まくりをして、その旋盤で彼と同じねじを切った。特別な出来栄えではなかったが、それでやっと彼はわたしをホンモノの旋盤工だと認めてくれ、工場を去る日には名残りを惜しんで空港まで送ってくれるほど親しくなった。中国ではまだあのころも、ねじ切りが一人前かどうかの判断基準のひとつだったらしい。

五〇年間いくつもの工場を渡り歩いたおかげで、いろいろなねじを切る体験をした。小は直径五ミリ、大は直径五〇センチものねじを切った。三角や四角のねじ、台形ねじや丸ねじや鋸歯《のこば》形のねじ、変わりだねでは蚊とり線香のような渦巻きねじも切った。

以前、大田区役所の近くに河童《かっぱ》亭《てい》という泡盛《あわもり》屋ができて、本場の琉球泡盛がめずらしくて、いっときわたしはそこの常連になった。あるときからしばらく店の窓辺の棚に古い卓上旋盤が飾られて、酒客たちの話題をさらった。常連や新顔たちが、それぞれに旋盤で鉄を削った思い出を語りはじめた。常連の中には小説家や劇作家、文芸評論家や画家が多かったが、あるときひとりの童話作家が隣席の商店主に自慢げにねじ切りの講釈をはじめたのにはびっくりした。みんな戦争中に強制的に徴用されて軍需工場で働かされた苦い思い出があるのだった。酔いにまかせての、カウンターの隅にいる現役旋盤工のわたしにすればかなり眉唾ものの自慢話も、ほほえましいものであった。わたしは本書ではじめて、一八世紀のヨーロッパでは旋盤でいろいろなものを削ることが知的な娯楽だったというところを読みながら、河童亭の旋盤をなつかしく思い出していた。

映画にもなった『長距離走者の孤独』や『土曜の夜と日曜の朝』を代表作に持つ、一九二八年生まれの小説家アラン・シリトーにとって旋盤は趣味や娯楽ではなかった。彼は自伝『私はどのようにして作家となったか』で、一四歳でラーレー自転車工場で働きはじめ、タレット旋盤を使って朝から晩まで六つの操作を繰り返してナット（雌ねじ）を作り続ける仕事ぶりを書いている。タレット旋盤は、モーズレーの旋盤よりはいくぶん発達した機械で、いったん刃物をセットしておけば、あとはいくつかのハンドルを順番に操作すれば、同じものを大量に作ることが可能であった。そのためにわたしの先輩たちは〝粋な旋盤・小粋な仕上げ・馬鹿でもできるタレット〟などと、ひどい差別的な扱いをした機械であった。

その機械を使い続けたシリトーは、二年間に六〇万個のねじを作り、そのナットはスピットファイアー戦闘機や爆撃機のエンジンに、あるいはダービーにあるロールス・ロイス工場に送られたので、「ぼくは一六歳の頃には完全に熟練工になり、一人前の成人になった」と書いている。

むろん「完全に熟練工」は噴飯ものであるが、スピットファイアーやロールス・ロイスのエンジンのねじが一九四〇年代のイギリスではまだ、こんな少年工の手で作られていたことがわかって興味深い。

むろん現在のねじは、こんなものではない。著者は、すでにモーズレーの旋盤の「精度の良さ」こそが、後のすべての工作機械を生む最高の発明であったと力説しているが、ねじがこの千年の最高の発明であることを認めるためには、二一世紀のいまのねじの精度の良さも知っておく必要があると思う。

でも、ねじがいまもあらゆる工業製品に多用されていることは誰もが知るところであるが、そのねじの値段が、物価の優等生といわれるタマゴと同様に安価を保っていることはあまり知られてはいない。それはこの数十年の加速度的な技術革新で、いまではねじはびっくりするほど素早く安く作ることができるからである。わたしはかつて大阪のねじ工場をたずねたことがあるが、そこでは直径一〇ミリ以下の小さなねじを、一台の機械で一分間に二〇〇個もつくれるという。そのために安いものになるとなんと一本の値段が七銭にしかならないものもあると聞いた。驚いたのはその先である。そんなに安くしか売れないねじなのに、納品した百万個のなかにたった一個の不良品が混じっていただけで、工場長は納入先の家電メーカーから呼びつけられて大目玉を頂戴したというのである。なんと過酷な試練と同情もしたが、逆に考えればそれほど正確で精密なねじを大量に安く作る技術を、日本のねじ工場は確立しているということが言える。

東京の三鷹光器といえば、小企業ながら日本一の天体望遠鏡にはじまって、いまでは脳外科手術用の顕微鏡のメーカーとして国際的にも知られているが、かつて世界ではじめて百万分の一ミリ精度の測定機を作ったことがある。ちょうどその開発中に訪問したわたしは、創業者の中村義一さんに「いまのところばらつきが出て不安定なので、百万分の三ミリを達成と書いておいて下さい」と言われて、自分の原稿にそのとおり書いた。ところがその本が店頭に並ぶ前に、NHKのテレビ番組が、百万分の一ミリを達成と伝えたのでびっくりした。不安定の原因は測定機の水平を支える四本のねじのうちの一本に、かすかなガタがあるからだと判明したという。百万分の一ミリ二ミリを狂わすガタとはどんなものだったろうかと、わたしなんぞは想像しただけでもビビってしまうが、そのねじは市販に頼らず自社製だと聞く。そんなねじもある。

一般には知られていないが、精密な加工をする工作機械の親ねじのような位置決め用のねじなどに、最近はボールねじが使われている。雄ねじと雌ねじの接触面に多数の鋼球を一列に並べて、その鋼球がねじ山の働きをするように工夫された特殊なねじである。本書には言及されていないが、摩擦がきわめて小さくて正確に回転するので、千分の一、万分の一ミリ単位の精度に加工する機械には欠かせないねじとなった。

精度だけではない。海底や地下に埋められても腐食しないねじもあれば、瀬戸大橋のような激しい揺れや震動にも弛むことのないねじもある。医療の分野ではボーンスクリューと呼ばれる、骨に埋め込まれるねじもあるし、人工歯根用のねじもあって、ねじの役割は果てることを知らない。

直径〇・三ミリの最小ねじをはじめとして世界にはいま四〇万種類ものねじがあるのだという。たぶんそのなかでもめずらしいもののひとつに数えられると思われるような、変わったねじを作った町工場が大田区にある。石川精器の石川洋一さんは、カムを使って変則的な動きをする仕組みを作る仕事をずっと続けてきたが、その仕事のために同時四軸NCフライス盤という最新鋭の機械が欲しかった。ところがその機械は一台数千万円もして、町工場では手が出ない。一九九〇年代のいわゆる平成不況のただなか、石川さんは大手機械メーカーが作っているような多機能なものではないが、当時としてはめずらしいパソコン対応の同時四軸NCフライス盤を、自分で設計し、近隣の町工場の協力を得て作ってしまった。町工場がそんな機械を作ったと、新聞でも話題になったが、次にその機械を使って石川さんが作ったもののひとつに、一本のねじでありながら途中でねじ山のピッチ（ねじ山の間隔）が延びたり縮んだりするという変りだねの親ねじ（機械を動かすために使う大きなねじ）がある。更にこんなねじに嵌《は》めても回転する可変ピッチナットも作ってしまう。このねじの実現で、いままではサーボモーターを使わないとスピードを変えながら移動することができなかったものを、機械的な仕組みで可能にしたのであった。

高性能な工作機械を自分で作ってしまったり、ピッチの変化する親ねじや、それに嵌まるナットまで作ってしまった石川さんは、開発当時わたしにいみじくも次のように語ったことがある。

「機械を使って作るといったって、これは人間にしかできない仕事です。絵を描くのも文章を書くのも表現の一つでしょう。製品で伝える……これも立派な自己表現ですよ」

リプチンスキがこの本で「鉄と性《しょう》が合うというのは才能であり、音楽家が絶対音感をもつのと同じことだ」と述べ、「こうした工具は個人の創造性豊かな発想の産物なのだ。機械の複雑な関係を直感的に理解する、才気ほとばしる発明家の心は、たしかに詩的である」と結んだ文章（一二九頁〜「技術者か？　芸術家か？」）を読んだときに、わたしがすぐに思い出したのはこの石川さんのことばであった。

T. K. Derry and Trevor I. Williams, *A Short History of Technology* (New York: Oxford University Press, 1960), 236; 140: A. G. Drachmann, *Ancient Oil Mills and Presses* (Copenhagen: Levin & Munksgaard, 1932), 159. Redrawn by author; 154: Derek J. de Solla Price, "Gears from the Greeks: The Antikythera Mechanism—a Calendar Computer from ca. 80 B.C.," *Transactions of the American Philosophical Society* 64, pt. 7 (November 1974): 37; 164: M. H. Morgan, Vitruvius, *The Ten Books on Architecture* (Cambridge, Mass.: Harvard University Press, 1946), 295. Pages 118, 136, 142, 143, 145, 169-173 were drawn by the author.

# 図 版 出 典

**Page 24**: *A History of Technology: Vol.II, The Mediterranean Civilizations and the Middle Ages c. 700 B.C. to c.A.D. 1500*, eds. Charles Joseph Singer et al. (New York: Oxford University Press, 1956), 152; **48**: Kenneth D. Roberts, *Some 19th Century English Woodworking Tools: Edge & Joiner Tools and Bit Braces* (Fitzwilliam, N. H.: Ken Roberts Publishing Co., 1980), 234; **56**: *The Various and Ingenious Machines of Agostino Ramelli (1588)*, trans. Martha Teach Gnudi (Baltimore: Johns Hopkins University Press, 1976), plate 188; **58**: *The Various and Ingenious Machines of Agostino Ramelli (1588)*, trans. Martha Teach Gnudi (Baltimore: Johns Hopkins University Press, 1976), plate 129; **65**: *Wapenhandelinghe van Roers, Musquetten end Speissen, Achtervolgende de Ordre van Syn Excellente Maurits, Prince van Orangie... Figuirlyck vutgebeelt door Jacob de Gheyn* (Musket drill devised by Maurice of Orange) (The Hague, 1607); facsimile edition, New York: McGraw-Hill, 1971; **68**: Hugh B. C. Pollard, *Pollard' s History of Firearms*, ed. Claude Blair (New York: Macmillan, 1983), 35; **75**: Charles John Ffoulkes, *The Armourer and His Craft: From the XIth to the XVIth Century* (New York: Benjamin Blom, 1967), 55. Redrawn by author; **77**: Charles John Ffoulkes, *The Armourer and His Craft: From the XIth to the XVIth Century* (New York: Benjamin Blom, 1967), plate V. Redrawn by author; **93**: Ken Lamb, *P. L.: Inventor of the Robertson Screw* (Milton, Ont.: Milton Historical Society; 1998), 152; **105**: Christoph Graf zu Waldburg Wolfegg, *Venus and Mars: The World of the Medieval Housebook* (Munich: Prestel-Verlag, 1998), 88; **111**: *A History of Technology: Vol. II, The Mediterranean Civilizations and the Middle Ages c. 700 B.C. to c.A.D.1500*, eds. Charles Joseph Singer et al. (New York: Oxford University Press, 1956), 334; **114**: Robert S. Woodbury, *Studies in the History of Machine Tools* (Cambridge, Mass.: MIT Press, 1972), Fig.30; **135**:

do," *British Journal of the History of Science* 21 (1988): 196 中の引用より。

162頁2-3行　*The Times*, May 15, 1981.

162頁7-9行　A. G. Drachmann, "How Archimedes Expected to Move the Earth," *Centaurus* 5, no.3-4 (1958): 278 中の引用より。

162頁9-10行　Dijksterhuis, *Archimedes*, 15 中の引用より。

162頁15行-163頁2行　Drachmann, "How Archimedes Expected to Move the Earth," 280-81 中の引用より。

163頁9-12行　R. J. Forbes, "Hydraulic Engineering and Sanitation," *A History of Technology*, vol.2, Charles Joseph Singer et al., eds. (New York: Oxford University Press, 1957), 677; A. G. Drachmann, *The Mechanical Technology of Greek and Roman Antiquity* (Copenhagen: Munksgaard, 1963), 204.

163頁14-15行　A. G. Drachmann, "The Screw of Archimedes," *Actes de VIII$^{e}$ Congrès International d' Histoire des Sciences, Florence-Milan, 3-9 septembre* 1956, vol.3 (Florence: Vinci, 1958), 940-41 中の引用より。

164頁14-15行　John Peter Oleson, *Greek and Roman Mechanical Water-Lifting Devices: The History of Technology* (Toronto: University of Toronto, 1984), 297, 365.

165頁2-3行　Humphrey et al., *Greek and Roman Technology*, 317.

165頁11-12行　William Giles Nash, *The Rio Tinto Mine: Its History and Romance* (London: Simpkin Marshall Hamilton Kent & Co., 1904), 35.

166頁4-7行　Diodorus Siculus, *The Historical Library of Diodorus the Sicilian; in Fifteen Books*, trans. G. Booth (London: W. M' Dowall for J. Davis, 1814).

166頁13-14行　Drachmann, *Mechanical Technology*. 154 を参照。

167頁6-7行　Vitruvius, *Ten Books*, 297.

168頁1-2行　Joseph Needham and Wang Ling, *Science and Civilization in China, Introductory Orientations* (New York: Cambridge University Press, 1954), 241.

**147頁4-6行**　Hall, "Evolution of the Screw: Its Theory and Practical Application," *Horological Journal*, August 1929: 285 中の引用より。
**147頁8行**　Vitruvius, *Ten Books*, 285.
**147頁12-14行**　Henry C. Mercer, *Ancient Carpenters' Tools: Together with Lumbermen's, Joiners' and Cabinet Makers' Tools in Use in the Eighteenth Century*（Doylestown, Pa.: Bucks County Historical Society, 1975）, 273.

第7章　ねじの父
**149頁14行-150頁4行**　Derek J. de Solla Price, "Gears from the Greeks: The Antikythera Mechanism——a Calendar Computer from ca. 80 B. C.," *Transactions of the American Philosophical Society* 64, pt. 7（November 1974）: 51.
**152頁5-8行**　Derek J. de Solla Price, "Clockwork Before the Clock," *Horological Journal*（December 1955）: 810–14.
**153頁2-3行**　Derek J. de Solla Price, "An Ancient Greek Computer," *Scientific American*, June 1959, 60–67.
**153頁11-13行**　Ibid., 66.
**155頁10-12行**　Ibid., 67.
**156頁3-7行**　John W. Humphrey et al., *Greek and Roman Technology: A Sourcebook*（London: Routledge, 1998）, 57–58 中の引用より。（キケロー「国家について」岡道男訳，『キケロー選集8』岩波書店，1999 に収録）
**156頁11-12行**　Claudius Claudianus, *Shorter Poems* 51, in Humphrey et al., *Greek and Roman Technology*, 58.
**158頁9-14行**　*The Works of Archimedes*, T. L. Heath, ed.（New York: Dover Publications, 1953）, XVII中の引用より。
**160頁1-4行**　Vitruvius, *The Ten Books on Architecture*, trans. Morris Hicky Morgan（New York: Dover Publications, 1960）, 254.
**160頁5-7行**　E. J. Dijksterhuis, *Archimedes*, trans. C. Dikshoorn（Copenhagen: Ejnar Munksgaard, 1956）, 13 中の引用より。
**161頁7-9行**　*New York Times*. November 11, 1973.
**162頁1-2行**　D. L. Simms, "Archimedes' Weapons of War and Leonar-

123頁12行-24頁1行　Ibid., 144.
124頁4-7行　Ibid., 128.
125頁7-8行　L. T. C. Rolt, *Great Engineers* (London: G. Bell and Sons, 1962), 105.
125頁9-11行　Samuel Smiles, *Industrial Biography: Iron-Workers and Tool-Makers* (Boston: Ticknor & Fields, 1864), 282.

第６章　機械屋の性《さが》
127頁9-11行　Samuel Smiles, *Industrial Biography: Iron-Workers and Tool-Makers* (Boston: Ticknor & Fields, 1864), 337.
129頁7-8行　Ibid., 223.
130頁6-8行　Ibid., 312.
130頁11-13行　Ibid., 204 (author's translation).
133頁8-9行　W. L. Goodman, *The History of Woodworking Tools* (London: G. Bell & Sons, 1964), 105.
137頁8-10行　Vitruvius, *The Ten Books on Architecture*, trans. Morris Hicky Morgan (New York: Dover Publications, 1960), 184. (『ウィトルウィウス建築書』森田慶一訳注、東海大学出版会)
139頁2-3行　A. G. Drachmann, "Ancient Oil Mills and Presses," *Kgl. Danske Videnskabernes Selskab, Archaeologisk-kunsthistoriske Meddelelser* 1, no.1 (1932): 73.
139頁10-13行　Ibid., 76.
142頁2-5行　Bertrand Gille, "Machines," in *A History of Technology*, vol.2, Charles Joseph Singer et al., eds. (New York: Oxford University Press, 1957), 631-32.
144頁9-10行　John James Hall, "The Evolution of the Screw: Its Theory and Practical Application," *Horological Journal*. July 1929, 269-70.
146頁3-5行　John W. Humphrey et al., *Greek and Roman Technology: A Sourcebook* (London: Routledge, 1998), 56 中の引用より。
146頁7-9行　A. G. Drachmann, "Heron's Screwcutter," *Journal of Hellenic Studies* 56 (1936): 72-77.
147頁1-2行　Humphrey et al., *Greek and Roman Technology*, 56 中の引用より。

**87頁12-13行**　Ibid., 81.
**88頁6-8行**　Ibid., 89.
**94頁3-6行**　Ken Lamb, *P. L.: Inventor of the Robertson Screw* (Milton, Ont.: Milton Historical Society, 1998), 35.
**94頁10-12行**　Ibid., 16.
**97頁6-7行**　Henry F. Phillips and Thomas M. Fitzpatrick, "Screw," U. S. patent number 2, 046, 839, July 7, 1936.
**97頁10-11行**　American Screw Company to Henry F. Phillips, March 27, 1933.
**98頁9-10行**　Mead Gliders, Chicago, to American Screw Company, April 26, 1938.
**98頁11-12行**　Wentling Woodcrafters, Camden, N. J., to American Screw Company, June 15, 1938.
**98頁15行-99頁2行**　"The Phillips Screw Company" (unpublished paper, Phillips Screw Company, Wakefield, Mass.).
**99頁8-12行**　*Consumer Reports* 60, no. 11 (November 1995): 695.

第5章　一万分の一インチの精度
**101頁12-13行**　L. T. C. Rolt, *A Short History of Machine Tools* (Cambridge, Mass.: MIT Press, 1965), 59.
**102頁9-11行**　Robert S. Woodbury, *Studies in the History of Machine Tools* (Cambridge, Mass.: MIT Press, 1972), 20-21.
**106頁6-7行**　Ibid., 49.
**107頁4行**　Christoph Graf zu Waldburg Wolfegg, *Venus and Mars: The World of the Medieval Housebook* (Munich: Prestel-Verlag, 1998), 88.
**110頁12-13行**　Jacques Besson, *Theatrum Machinarum* (Lyon: 1578), plate Ⅸ.
**112頁7-10行**　Charles Plumier, *L' art de tourner* (Lyon: 1701).
**113頁1-3行**　Maurice Daumas and André Garanger, "Industrial Mechanization," in *A History of Technolgy & Invention*, Maurice Daumas, ed., trans. Eileen B. Hennessy (New York: Crown Publishers, 1969), 271.
**122頁8-12行**　James Nasmyth, *James Nasmyth, Ẹngineer: An Autobiography* (London: John Murray, 1885), 136.

*The Limits of the Possible*, trans. Siân Reynolds (New York: Harper & Row, 1981), 392.
67頁2-4行　Pollard, *Pollard's History of Firearms*, 55.
67頁14行-68頁1行　Ibid., 35.
69頁2-4行　Ibid., 18.
74頁4-8行　Joseph Moxon, *Mechanick Exercises: or, the Doctrine of Handy-Works* (London: J. Moxon, 1693), 33-34.
75頁5-8行　Charles John Ffoulkes, *The Armourer and His Craft: From the XIth to the XVIth Century* (New York: Benjamin Blom, 1967), 55.
76頁11-13行　Claude Blair, *European Armour: circa 1066 to circa 1700* (London: B. T. Batsford Ltd., 1958), 162.
77頁14行-78頁1行　Ffoulkes, *Armourer and His Craft*, 24.
78頁1行　Ibid., plate V.

第４章　「二〇世紀最高の小さな大発見」
79頁8-9行　Georgius Agricola, *De Re Metallica*, trans. H. C. Hoover and L. H. Hoover (New York: Dover Publications, 1950), 364.
83頁9-10行　G. H. Baillie, C. Clutton, and C. A. Ilbert, *Britten's Old Clocks and Watches and Their Makers* (New York: E. P. Dutton, 1956), 14.（『図説時計大鑑』大西平三訳，雄山閣出版，1980）
83頁13-15行　Ibid., 64.
85頁5-7行　Joseph Chamberlain, "Manufacture of Iron Wood Screws," in British Association for the Advancement of Science, Committee on Local Industries, *The Resources, Products, and Industrial History of Birmingham and the Midland Hardware District* (London: R. Hardwicke, 1866), 605-6.
86頁4-5行　Henry C. Mercer, *Ancient Carpenters' Tools: Together with Lumbermen's, Joiners' and Cabinet Makers' Tools in Use in the Eighteenth Century* (Doylestown, Pa.: Bucks County Historical Society, 1975), 259.
86頁13-14行　H. W. Dickinson, "Origin and Manufacture of Wood Screws," *Transactions of the Newcomen Society* 22 (1941-42): 80 中の引用より。

**40頁5-7行**　James M.Gaynor and Nancy L. Hagedorn, *Tools: Working Wood in Eighteenth-Century America* (Williamsburg, Va.: Colonial Williamsburg Foundation), 11.
**42頁3-4行**　Linda F. Dyke, *Henry Chapman Mercer: An Annotated Chronology* (Doylestown, Pa.: Bucks County Historical Society, 1989), 11.
**46頁8-10行**　Kenneth D.Roberts, *Some 19th Century English Woodworking Tools: Edge & Joiner Tools and Bit Braces* (Fitzwilliam, N. H.: Ken Roberts Publishing Co., 1980).
**49頁3-4行**　以下を参照のこと。Witold Rybczynski, "One Good Turn," *New York Times Magazine*, April 18, 1999, 133.

第３章　火縄銃、甲冑《かっちゅう》、ねじ

**51頁6-7行**　Lynn White Jr., "The Act of Invention: Causes, Contexts, Continuities, and Consequences," *Technology and Culture* 3 (fall 1963): 486-500.
**53頁15行-54頁1行**　Martha Teach Gnudi, "Agostino Ramelli and Ambrose Bachot," *Technology and Culture* 15, no. 4 (October 1974): 619.
**55頁10-11行**　*The Various and Ingenious Machines of Agostino Ramelli (1588)*, trans. Martha Teach Gnudi (Baltimore: Johns Hopkins University Press, 1976), 508.
**55頁15行-57頁2行**　Bert S. Hall, "A Revolving Bookcase by Agostino Ramelli," Technology and Culture 11, no.4 (July 1970): 397.
**59頁8-9行**　Georgius Agricola, *De Re Metallica*, trans. H. C. Hoover and L. H. Hoover (New York: Dover Publications, 1950), 364.
**60頁1-4行**　Christoph Graf zu Waldburg Wolfegg, *Venus and Mars: The World of the Medieval Housebook* (Munich: Prestel-Verlag, 1998), 8.
**63頁11-12行**　Hugh B. C. Pollard, *Pollard's History of Firearms*, Claude Blair, ed. (New York: Macmillan, 1983), 29.
**66頁3-5行**　John Keegan, *A History of Warfare* (New York: Alfred A. Knopf, 1993), 329.（『戦略の歴史―抹殺・征服技術の変遷　石器時代からサダム・フセインまで』遠藤利国訳，心交社，1997）
**66頁5-6行**　Fernand Braudel, *The Structures of Everyday Life: Vol.I,*

**28頁13-14行** *Ibid.*, 9.
**29頁9-10行** "Tools: Later development of hand tools: SCREW-BASED TOOLS: Screwdrivers and wrenches," *Britannica Online*, December 1998.

第２章　ねじ回しの再発見

**30頁12行** Peter Nicholson, *Mechanical Exercises: or, the elements and practice of Carpentry, Joinery, Bricklaying, Masonry, Slating, Plastering, Painting, Smithing, and Turning* (London: J. Taylor, 1812), 353.
**31頁12-15行** Joseph Moxon, *Mechanick Exercises: or, the Doctrine of Handy-Works* (London: J.Moxon, 1693), A5-6.
**32頁8-10行** *The Greek Anthology*, trans. W. R. Patton (London: William Heinemann, 1916), 405.
**33頁2-4行** "Navigation," *Encyclopaedia Britannica*, vol. 12 (Edinburgh: A. Bell and C. Macfarquhar, 1797), plate 343. この記述についての情報は以下より得た。Joseph E. Sandford, "Carpenters' Tool Notes," in Henry C. Mercer, *Ancient Carpenters' Tools: Together with Lumbermen's, Joiners' and Cabinet Makers' Tools in Use in the Eighteenth Century* (Doylestown, Pa.: Bucks County Historical Society, 1975), 311.
**33頁6-8行** *A Dictionary of American English: on historical principles*, vol.4 (Chicago: University of Chicago Press, 1944), 2045.
**34頁3-5行** R. A. Salaman, *Dictionary of Tools: used in the woodworking and allied trades, c. 1700-1970* (London: George Allen & Unwin Ltd., 1975), 450.
**34頁7-9行** Ibid., 449.
**35頁3行** A. J. Roubo, "L' Art du Menuisier en Meubles," *Description des Arts et Métiers*, vol.19 (Paris: Académie des Sciences, 1772), 944 (author's translation).
**36頁4行** *Encyclopédie: ou dictionnaire raisonné des sciences, des arts et des métiers*, vol.17 (Neuchastel: Samuel Faulche & Co., 1765), 484 (author' s translation).
**39頁7-9行** Adolphe Hatzfeld and Arsène Darmesteter, *Dictionnaire Général de la Langue Française: du commencement du XVII$^{e}$ siécle jusqu' à nos jours*. vol.2 (Paris: Librairie Delagrave, 1932), 2171.

# 注記・出典

## 第1章　最高の発明は工具箱の中に？

**12頁11-12行**　Edward Rosen, "The Invention of Eyeglasses: Part Ⅰ," *Journal of the History of Medicine* (January 1956): 34-35.

**15頁1-3行**　Ken Kern, *The Owner-Built Home* (Oakhurst, Calif.: Owner-Builder Publications, 1972), 78.

**16頁2-3行**　W.L.Goodman, *The History of Woodworking Tools* (London: G.Bell & Sons, 1964), 199-201.

**19頁9-10行**　R. A. Salaman, *Dictionary of Tools: used in the woodworking and allied trades. c. 1700-1970* (London: George Allen & Unwin Ltd., 1975), 299.

**25頁11-12行**　Lynn White Jr., "Technology and Invention in the Middle Ages," *Speculum* 15 (April 1940): 153.

**26頁1行**　この点についての異論として、A. G. Drachmann, "The Crank in Graeco-Roman Antiquity," *Changing Perspectives in the History of Science: Essays in Honour of Joseph Needham* (London: Heinemann, 1973), 33-51.

**26頁2-4行**　Bertrand Gille, "Machines," in Charles Joseph Singer et al., eds., *A History of Technology: Vol.II, The Mediterranean Civilizations and the Middle Ages c.700 B.C. to c.A.D.1500* (New York: Oxford University Press, 1957), 651.（『技術の歴史３，４巻――地中海文明と中世』平田寛・八杉龍一訳編，筑摩書房，1978）

**26頁4-5行**　Bertrand Gille, "The Fifteenth and Sixteenth Centuries in the Western World," in Maurice Dumas, ed., *A History of Technology & Invention: Vol.II, The First Stages of Mechanization*, trans. Eileen B. Hennessy (New York: Crown Publishers, 1969), 23.

**26頁5-7行**　Graham Hollister-Short, "Cranks and Scholars," History of Technology 17 (1995): 223-24.

**26頁13-14行**　Goodman, *History of Woodworking Tools,* 178.

本書は、二〇〇三年七月に早川書房より単行本
として刊行された作品を文庫化したものです。

〈数理を愉しむ〉シリーズ

# 数学をつくった人びと Ⅰ・Ⅱ・Ⅲ

E・T・ベル

田中勇・銀林浩訳

Men of Mathematics

ハヤカワ文庫ＮＦ

天才数学者の人間像が短篇小説のように鮮烈に描かれる一方、彼らが生んだ重要な概念の数々が裏キャストのように登場、全巻を通じていろいろな角度から紹介される。数学史の古典として名高い、しかも型破りな伝記物語。

解説　Ⅰ巻・森毅、Ⅱ巻・吉田武、Ⅲ巻・秋山仁

訳者略歴　英米文学翻訳家，東京外国語大学卒，訳書に『色のない島へ』，『レナードの朝』サックス（以上早川書房刊），『勝てるビジネスチームの作り方』シンガーほか多数

HM=Hayakawa Mystery
SF=Science Fiction
JA=Japanese Author
NV=Novel
NF=Nonfiction
FT=Fantasy

# ねじとねじ回《まわ》し
## この千年で最高の発明をめぐる物語

〈NF366〉


二〇一〇年五月二十五日　発行
二〇二三年二月　十五　日　三刷

（定価はカバーに表示してあります）

著者　ヴィトルト・リプチンスキ
訳者　春日井《かすがい》晶子《あきこ》
発行者　早川浩
発行所　株式会社　早川書房

郵便番号　一〇一 - 〇〇四六
東京都千代田区神田多町二ノ二
電話　〇三 - 三二五二 - 三一一一
振替　〇〇一六〇 - 三 - 四七七九九
https://www.hayakawa-online.co.jp

乱丁・落丁本は小社制作部宛お送り下さい。
送料小社負担にてお取りかえいたします。

印刷・精文堂印刷株式会社　製本・株式会社明光社
Printed and bound in Japan
ISBN978-4-15-050366-6 C0140




本書は活字が大きく読みやすい〈トールサイズ〉です。